ヒロシマ、ナガサキ、フクシマ

原子力を受け入れた日本

田口ランディ Taguchi Randy

★——ちくまプリマー新書

165

目次 * Contents

本文イラスト　カワナカユカリ

……It is an atomic bomb. It is a harnessing of the basic power of the universe. The force from which the sun draws its power has been loosed against those who brought war to the Far East. ……

……原子爆弾は、宇宙構造の基礎となる力の活用である。太陽の源である力が、極東に戦争をもたらした者たちに放たれたのだ。……

1945年8月6日深夜

合衆国大統領トルーマンの声明より

はじめに　私はなぜ原子のエネルギーに興味を持ったか？

一九九九年に、いったい何が起こるのだろうか。

漠然と子どもの頃からその年のことを思っていたのは、一九七三年に出版され、ベストセラーとなった予言の書（『ノストラダムスの大予言』五島勉著）のためだったと思います。十六世紀のフランスの医師であり占星術師のノストラダムスが《世界の終末がくる》と予言した一九九九年。その年に、私は四十歳になるはずでした。でも、この本を読んだときはまだ十四歳でしたから、そんな未来の自分がどうなっているかなど、たいして気にはしませんでした。中学生の私にとって、四十歳の自分はもうとうに人生を終えた「老人」のようにすら感じられました。

私は茨城県で育ちましたから、茨城県にある東海村原子力発電所については小さい頃から聞き知っていました。関東圏の北にあってやや存在感の薄い茨城の「勲章」のような存在でした。そこは日本で最初に建設された原子力発電所だったからです。当時、原子力は最先端の科学、二十一世紀のエネルギーでした。とはいえ、原子力発電所がどういう仕組みで動いているのか、そんなことには興味がありませんでした。私が知っているのは人気アニメの主人公である「鉄腕アトム」のエネルギー源が原子力だったことくらいです。

原子力も、核も、思春期の私にとっては遠い世界の出来事でした。

私は日本が第二次世界大戦を終えてようやく立ち直ってきた一九五九年に生まれました。ですから戦後の混乱や飢餓は経験していません。高度成長期と呼ばれる時代の世代であり、貧しい日本のことはあまり記憶にありません。

一九七〇年、私が小学生の時に大阪で万国博覧会が開催されました。テーマは「人類の進歩と調和」でした。華々しい万博のニュースを目にするたびに、人類はこのまま右肩上がりに成長を続け、科学の進歩が輝かしい未来を創造してくれることをあたりまえと思い、将来に不安など感じませんでした。日本はひたすら豊かになり、みんながお金持ちになり、理想の社会が来るような気がしていましたし、そんなふうに学校でも教えられてきました。ですから万博の三年後に「世界が終わる」という予言の書が出たのでセンセーショナルだったのでしょう。そして、あまりにも現実感がなかったからこそ、皆が終末論を楽しんだのかもしれません。

原子力が危険なのだ、ということを意識したのは、一九八六年のチェルノブイリ原発事故のときです。私は二十六歳になっていました。ソ連のほうで（現在はウクライナ）大きな原発事故があり、放射能が飛んでくるという噂《うわさ》が広まりました。一九七九年に「チャイナ・シンドローム」という原発事故を題材にした映画が公開されておりましたから、まさかほんとうに映画のような大事故が起こるなんて、と驚くと同時に、自分も地球のためになにか行動しなければという気持ちになりました。それで、反原発の集会や、原発の危険を訴える本など読みましたが、今から思えば、ただ流行に乗っただけの行動でした。

雨に放射能が含まれているから濡《ぬ》れないように、と皆が言うので、いつも傘を持ち歩いていたことを覚えています。チェルノブイリ原発事故の話題はしばらくテレビや新聞で報じられていましたが、いつしか消えていきました。日本はその頃もさらに経済成長を遂げていて、時代はバブル期にさしかかっていました。原子力発電を止めて節電を、という世論はどうでもよくなり、好景気のなかで誰もが潤い、湯水のようにお金を使い、電気を使い、都市は不夜城のようになって、エネルギーの問題などどこかに吹き飛んでしまったのです。

八〇年代後半は、ほんとうにお金があればなんでも解決できてしまうような、そんな錯覚に日本中が陥っていました。当時、私は小さな会社を経営していたのですが、その私でも、お金に対して感覚が麻痺《まひ》していました。マンションや土地の値段がどんどん上がり、周りの友人たちもこぞって都心にマンションを買い、それを転売することで利ざやを稼いでいました。一か月のうちに何百万も土地が値上がりしてしまうのです。信じられないことでしたし、そんなことが続くわけもないのに、みんな頭の中が沸騰した状態になって、お金に目が眩《くら》んだように土地を買っては売ってを繰り返していました。そして、バブル経済は、ほんとうに泡のように弾《はじ》け飛んでしまったのです。

私が原子力……ひいては核エネルギーというものと向きあうようになったきっかけは、

十四歳の私が「もう人生が終わっているだろう」と思っていた四十歳のとき、一九九九年に起こった茨城県東海村の臨界事故がきっかけでした。ですから、まさに世紀末に原発の事故が起こったと知ったときには「あ、やっぱり」と思ったのです。子どもの頃読んだ「予言」の正体はこれだったのか？　と。

茨城県東海村で起こった臨界事故は、報道で知れば知るほど奇妙でした。臨界事故とは、核燃料となる物質が急激に核分裂の連鎖反応を起こしてしまい、人間がコントロールできない状態になることです。

事故を起こしたＪＣＯという会社は原子力発電の燃料となる低濃縮ウランを製造する会社でした。でも、事故は、副業で製造していた中濃縮ウランの製造過程で起こりました。事故後の捜査で、この会社の社員たちが正規の製造工程を勝手に簡易化した「裏マニュアル」に従って仕事をしていたことが判明しました。中濃縮ウランのほうが「臨界」が起こりやすく危険なのに、事故時にはこの裏マニュアルからすら逸脱した手順で作業が行われていたのです。当初はなぜ職員たちがそんな雑な方法で作業を行っていたのかが謎でした。

マスコミはＪＣＯのずさんな管理体制、社員のいいかげんな作業態度に対して一斉に批判を浴びせました。私もそういう報道を見て、まったくひどい、いくらなんでもよくそんな危険なことができたものだと思いました。

そして、当時、定期的に発行していたインターネットのメールマガジンを通じて、テレビ報道を聞きかじっただけの、熟慮もしていない幼稚な意見を発表したのです。

すると、私の書いた文章を読んだという男性から一通のメールが届きました。その方は「私はＪＣＯの元社員です」と名乗りました。そしてメールには「ＪＣＯは私が勤めていた頃はそんな会社ではなかった。社員の方たちも尊敬できる人たちで、彼らがマスコミに責められているのを見るのはほんとうにつらい」ということが書かれていました。

「今回の事故で最も傷ついているのは重傷者の三名を含む私のかつての同僚たちであることは間違いありません。ある番組の司会者はＪＣＯのことを「こんな会社」と一方的に見下す言い方をされていました。実際に感情的にはほとんどの方が同じように感じておられるかもしれません。これほどの事故を起こしたからには無理からぬこととは思います。ただ私は、今回の事故は単に「こんな会社」だけに原因があるのではなく、社会の底辺を支える人々を虐げる日本の社会構造に本当の原因があると言いたいのです。私にとって「こんな会社」も少なくともこれまでは社会的な責任を十分に果たしてきたと信じております。ここに働く人々は善良な人たちです。小生にとってＪＣＯで過ごした時間はこれまでの人生の中でも最も充実した日々であったと今でも思っています。たった一度の事故でこれまで築いてきたものを全て失いましたが、この点だけはなんとしてもご理解いただきたいと思います。法律や規制はあくまでも器であって本当に大切なのはその中にいる人々です。日本では余りに施設や装置に頼る安全性を重視し、そこで働く人々の人間としての尊厳や仕事への意欲等を高めるためにお金をかけることを忘れています」（原文のまま）

このメールを受けとったとき、正直に申しますと私は当惑しました。

この方がとても真剣になにかを訴えようとしていらっしゃるのが文面から理解できま

した。でも、あまりにも私が原子力発電事業に関する知識にうとかったので、いったい「社会の底辺を支える人々を虐げる日本の社会構造」とはなんなのか、理解できませんでした。

また、原子力発電においては、施設や装置の安全性を重視するのが最優先されるべきで、働く人々の人間としての尊厳や、仕事への意欲というのは個々人が自分で培うものではないのか？　とも思いました。最初はこの男性の意見は、ひとりよがりで身勝手に感じました。でも、原子力発電のことを何も知らない私が、テレビの情報を頼りに憶測だけで文章を書いたことも確かです。

私からも疑問をぶつけ、この男性（Sさん）と何度もメールのやりとりをしていくうちに、それまで知らなかった原子力業界の事情がわかってきました。たとえば、原子力の分野では優秀な人材がこの研究を離れていること、また、JCOが担っていた核燃料となるウランの再転換はたいへん重要な仕事であるのに、この仕事に対する社会的な評価はとても低く、危険であるのに注目されることのない地味な業務であること。また現在は技術的な遅れゆえ国際競争のなかで苦戦しており、大幅な人員削減が行われたこと。

それゆえ、効率やコストを優先させる風潮が社内に蔓延《まんえん》していたこと、などです。

でも、どうして原子力発電という最先端科学の分野、しかも行政が国策として推進している事業を担う工場が、それほど衰退しているのか理解できませんでした。

Sさんも含めて、優秀な研究者が原子力の分野から離れていったのは、原子力産業が「安全を無視」した「お金儲《もう》けの手段」になっており、それを科学者が指摘しても経営者が聞き入れてくれない、ということにあるようでした。私には信じられないことでしたが、それが現状だと言うのです。そして、このようなリスクを伴う科学技術の安全管理をおろそかにして、利益だけを追求するために、一番、末端の現場で作業する人たちにしわ寄せが来るのだ……と。

原子力業界全体の問題として事故の原因を究明しようとせず、責任をJCOという一企業、さらには現場の職員にかぶせてしまうような報道のあり方を、Sさんは厳しく批判していました。しかし、元社員だったというSさんの意見を鵜呑《うの》みにしていいものかどうか悩みました。十何通ものメールを交換し続けた結果、私はSさんの意見はこの事件を判断する上で重要な情報となりうると思い、私からの質問という形式で記事にまとめてメールマガジンに発表しました。

当時、私のメールマガジンには十万人の定期購読者がおり、この記事は《原子力に携わる研究者の発言》として、いろいろな原子力関係者に回覧されたと聞きます。そのなかに東北大学名誉教授の北村正晴先生もいらっしゃいました。東海村での臨界事故におけるSさんとのやりとり、その後の北村先生との出会いは、私の著書である『寄る辺なき時代の希望』（春秋社）に記しているので詳しい説明は省きます。


事故は大きな社会問題となり、何か月かテレビや新聞で取り上げられました。でも、この事故は原子力発電所の原子炉の事故ではなかったし、結局のところJCOという一企業の問題として糾弾され、消えていったのです。もちろん反原発の方たちは原子力の危険性を訴えましたが、それが世論を動かすような力にはなっていきませんでした。

東海村の臨界事故から一年後に、Sさんは私にメールでこう言いました。

「田口さんご自身が原子力に深入りすることはあまりにリスクが大きいように感じています。以前、田口さん宛てに送付されているメール等も拝見し、このことは実感致しました。ある程度距離をおきながら末永く見守っていただければと思います」

確かに、原子力の問題に関して発言するとかなり辛辣な批判を投げつけてくる方たちがいらっしゃいます。私の場合は「原子力の研究者の方の代弁」をしたので、原子力に賛成の立場だと誤解されたようです。そのため、原子力に反対する方たちから激しい罵倒、誹謗《ひぼう》中傷のメールが届きました。でも、たいがいその方たちはご自身のプロフィールを明かさずに、匿名で意見を一方的に送りつけてきます。私は、そういう意見はとるにたらないものだと思いました。ですが、文面を読んで心が傷つくことも確かです。

専門外の人間が、このような科学技術の分野に首を突っ込む必要があるのか？　必要はありませんでした。専門家の方がたくさんいらっしゃいます。私は見知らぬ人から誹謗中傷されるのがとても怖かったし、この問題にあまり関わりたくなかったので、原子力に関する発言を止《や》めてしまいました。私とSさんの交流もごく個人的なものとなっていきました。

二〇〇〇年八月六日に、広島テレビのご依頼で広島にまいりました。

四日ほど滞在して原爆に関する取材をしました。今度は「核兵器」と向きあうことになりました。ここにも「放射性物質」「被ばく」という問題がからんできます。最初のうちは、原子力の問題と、原爆の問題は、私のなかではとても遠い位置にありました。

ある時、私は物理学の研究者の方に「原子力発電所の原子炉で、原爆は作れるんですか？」と冗談のつもりでお聞きしたのです。するとその方は「原理は同じですから、今の日本の科学力をもってすれば三か月あればつくれるでしょう」とおっしゃいました。そんなに簡単に原爆が作れると思っていなかったので意外でした。

二〇〇〇年から二〇〇四年まで継続的に広島に行って「原爆」ということを考えてきました。この問題にも深入りするつもりはありませんでした。でも、どうも自分のなかでしっくりときません。

どんなに原爆を体験された方のお話を伺っても、どうしても現実感をもつことができません。悲惨なことだとはわかりますが、やはり過去に起こった他人事……という感じがしてしまいます。自分のなかに臨場感をともなったリアリティが作れません。そのことに苛立《いらだ》っていました。自分がとても冷たい人間のようにも感じました。そういうジレンマを小説に描いた作品が『被爆のマリア』（文春文庫）でした。

それからも、原爆の取材は続けてきましたが、だんだんと興味が「そもそも原爆とはなにか？　核とはなにか？」ということに移ってきました。核エネルギーはどのようにして発見され、なぜそれが兵器になったのか。そして、人類最初の被爆国である日本人は、これほど核兵器で痛手を負っているにもかかわらず、なぜ、原子力という核エネルギーに対しては寛容なのだろうか。いや、Sさんの言葉を借りれば無防備なのか。もしかしたらそれは、私のように、被ばくを過去の出来事として現実感をもてずにいる者のせいなのか。平和ボケした私たち戦後世代のせいなのか。それだけではないような気がしていました。取材すればするほど、どうも合点がいきません。

反核運動が日本で盛んか？　と問われると、それは広島と長崎に限っただけで、一般の日本人が核兵器に強い関心をもっているとは言えないように思いました。では無関心かというと、そういうわけでもない。核に対して、私自身も含めて、ねじれた思いがあるのです。いったい、その複雑な心情の由来はどこから来ているのか、そこに興味がわいてきました。

同じ頃、北村正晴先生は、東海村の臨界事故をきっかけに独自の活動を開始されました。

「専門家には説明義務がある。なるべくわかりやすく、ていねいに、誠実に、技術について説明する義務がある」とお考えになり、単身でさまざまな原発に関する集会や、原発の反対運動がある地域に出向いて「一人の科学者」「一人の人間」として、技術的な説明をし、可能な限りていねいに質問に応える、という対話の場づくりを始められたのです。また、反対派の学者と推進派の学者の議論のための《原子力対話フォーラム》を企画されました。

ですが、原発に関する反対派と推進派の間の亀裂はとても深く、しかも、修復不可能なほどよじれてしまっていました。推進派側の説明不足、電力会社の対応の強引さ、地域を壊してしまう補償金の使い方など、長い年月の間の不信感、不満の結果として、対話は不可能ではないか……と、私は感じていました。

二〇一〇年までは、日本の多くの方たちは「原子力エネルギーの平和利用に関して、賛成でもないが、反対でもない」つまり「わからない」という立場ではなかったかと思います。もし、原子力がなくて困るのであれば、簡単に捨てるわけにもいかないではないか。それに、本当のところ、どれくらい危険なのかわからない……と。

　難しい科学技術は専門家でなければわかりません。現代のように科学が著しく進んだ時代ではさらに専門分野が細かく分かれています。ちょっと専門を離れると、もう「わからない」ということが出てきます。それでは、高校で物理を習った程度の私がどうして「危険かどうか」の判断ができるでしょうか。もし、私がそれを判断しなければならないのであれば、私はこれから大学に行ってもう一度勉強するのでしょうか。それは無理でしょう。

　いったいなんのための専門家なのか。北村先生はずっとその問いを発信し続けてきました。専門家と市民の間に信頼関係を築けなければ、科学技術をめぐるあらゆる問題がねじれてしまいます。人間としての信頼関係を、どう築いていくのか。専門家は市民の理解力不足を嘆き、市民は専門家を御用学者となじる。そのような関係ではとても、対話は成立しません。どうしたらよいのか、北村先生は苦悩していました。

二〇〇五年に私は友人の紹介で初めて北村先生とお会いします。そして、先生が考えている「対話の場づくり」にとても惹《ひ》かれました。対話こそ、これからの時代に一番必要なものに思えました。

二〇一〇年十月に、私と北村先生は明治大学をお借りして「ダイアローグ研究会」という自主ゼミのようなものを立ち上げます。「対話とはなにか?」をテーマにして、さまざまな立場や専門の違う人間が、どうしたら対話をしていくことができるのかを考えるための研究会でした。

インターネットによる告知だけでしたが、たくさんの若い方たちが参加してくださいました。

第一回目は「原子力の問題でなぜ対話が困難なのか?」というテーマで北村先生に講義をしていただき、会場の方々と意見交換をしました。しかし、その時はまだ参加された方々は「いまなぜ原子力なのかわからない。自分にとって遠い問題だ」とおっしゃいました。「原子力のことを真剣に考えたこともない」という方が大部分だったのです。

そうであろうと思いました。私自身、東海村の臨界事故から十年以上が経過して、まだ自分が「核エネルギー」という問題と関わっていることが不思議でした。

二回、三回と、継続的に「原子力と対話」の問題を取り上げて議論をすすめてきた矢先、二〇一一年三月十一日に福島第一原発の事故が起こったのでした。

それまで原子力に全く関心をもっていなかった人たちも、この事故をきっかけに原子力のことを考えるようになりました。もう現実感のない問題と言う人はいなくなり、一夜にして社会の様相が変わってしまいました。菅総理はエネルギー政策の見直しを検討するという見解を発表しました。これまで「わからない」という立場をとっていた方たちも、原発に反対の意見に転じるようになりました。

ですが、事故はすでに起こってしまったのです。もう取り返しはつきません。すでに、福島の事故現場付近は放射能汚染の被害を受け、多くの方たちが住み慣れた家を離れなければならない事態になりました。いま、政策を転換しても、日本の国土にはまだ多くの原発があり稼働しています。そして、もし原発を止めるにしても、原発停止、解体・廃炉までには長い時間を要します。私たちは当面、……どれくらいの時間かわかりませんが、解体処理、放射能除去が完了するまで原子力と共に生きていかなければなりません。その状況は事故前と変わらないのです。

私はこの機会に、自分が取材をしつつ十二年間考えてきたことをまとめてみようと思いました。それは、原子力は《核エネルギー》であるということ。そして、日本が核エネルギーを使用するようになったことは、ヒロシマ、ナガサキに原爆が投下されたことと無関係ではない。ヒロシマ、ナガサキ、フクシマは、分断された点としての出来事ではなく、ひと続きの人類史なのであることを、多くの方に知ってもらいたいと考えたのです。

第1章

核をめぐる時代のムード

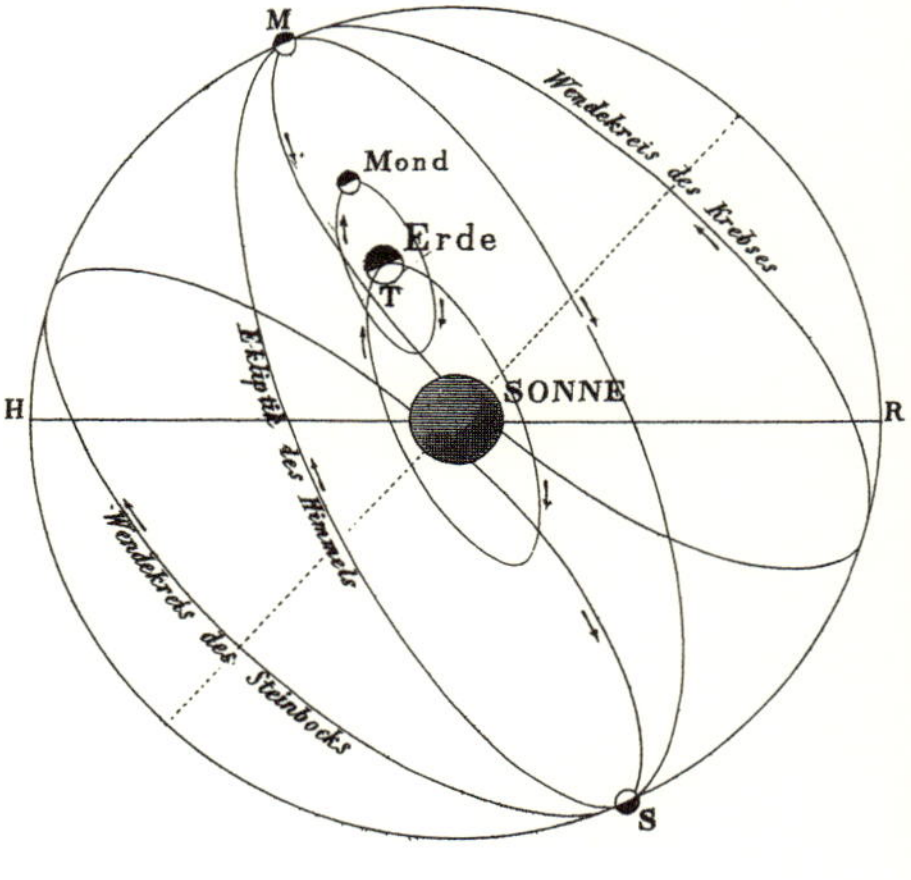

■「原爆乙女」「ヒロシマ・ガールズ」と呼ばれた女性たち

一九九九年の東海村の事故をきっかけに、原子力というテーマに興味をもって広島と長崎を取材してきました。そして、不思議に思ったことがありました。ほんとうに素朴な疑問でした。

日本は世界で唯一、原子爆弾を落とされた国です。しかもヒロシマとナガサキにです。あわせて二十万人以上の方が亡くなりました。この事実を、戦後に生まれた私たちは繰り返し聞かされ、脳にたたき込まれてきました。それなのに、なぜ反核運動はさほど盛り上がらなかったのでしょうか。

私はいまでも高校生の時に修学旅行で行った広島のことを覚えています。平和記念公園を歩きながら、バスガイドさんがこう言ったのです。

「ここの中洲《なかす》ではたくさんの方が原爆の強い熱風と放射線を浴びて亡くなりました。まだ地中のなかにはどれくらいのご遺骨が埋まっているかわかりません……」

私はそれを聞いて怖くなり、舗装された場所以外を歩きませんでした。平和記念資料館の展示も気もそぞろで見ていたようで、あまり記憶がありません。バスで宮島に向かい、広島の街を離れた時はほっとした心地でした。

ひとつ、心に残ったのは平和記念資料館に展示されていたパネルの「原爆乙女」という言葉でした。広島で被ばくした女性たちが、ケロイドの手術のためにアメリカに渡ったという説明がありました。その女性たちを「原爆乙女」としてマスコミが報道したというのです。原爆と乙女という二つの単語がとてもちぐはぐに感じました。十七歳の私はふと「自分が原爆乙女と呼ばれたらどう感じるかな」と思いました。つらいだろう……と。その言葉はひどく残酷に感じられたのです。

二〇〇〇年に再び広島を訪れた四十歳の私は、高校生の時に印象に残った原爆乙女について調べてみることにしました。顔にケロイドを負った娘たちを《原爆乙女》と呼ぶことに強い抵抗を感じたからです。

ケロイドとは、原爆の熱線を浴びた皮膚の傷跡に起こる特別な症状のことです。原爆の熱線を浴びると皮膚の細胞が過剰に再生して盛り上がってくるのです。いったんは治ったと思ったやけどの後が、やがてむくむくと塊となり、そのため皮膚が引きつって顔の様相を変えてしまいます。しかも、ひどい痛みと痒《かゆ》みをともなうのです。ケロイドは、原爆が落ちた地点の二～三キロ以内で直射被ばくした方に多く現われました。女性たちは外に出ることができなくなり、家に引きこもって暮らしていました。絶望して自殺をした人もいらっしゃったそうです。

そのような女性たちを救おうとしたのが広島流川教会の谷本清牧師でした。共に神様に祈りましょうという、牧師様の熱心な呼びかけに応じて、一人、また一人と傷を負った女性たちが教会に集まり、お互いに励ましあい賛美歌を歌うようになったのでした。

この女性たちをなんとか助けたいと考えた谷本牧師と外科医の原田東岷《とうみん》医師が、当時アメリカの評論誌『サタデー・レヴュー』の編集長であったノーマン・カズンズ氏にこの事実を報《しら》せてほしいと連絡したことから、事が動き始めます。

カズンズ氏は一九四九年に初めて広島を訪れ、原爆の被害に衝撃を受けました。そして、多くの子どもたちが原爆によって孤児になったことを知り、子どもたちの「精神的里親」になるようにアメリカ国民に訴えた人です。

ケロイドを負った「原爆乙女」の存在を知ったカズンンズ氏は、谷本牧師をアメリカのテレビ番組に出演させ、絶望した女性たちがいることを訴えます。実はこのとき、カズンズ氏はある演出を考えていました。広島に原爆を投下した原爆投下機「エノラ・ゲイ」の副機長であるロバート・ルイス氏と谷本牧師を対面させたのです。

ルイス氏は、原爆投下に関与したことをたいへん重く受け止めていました。「神よ、私たちはなんということをしたのだ」と絶望の涙を落とすルイス氏の様子はアメリカの人たちの心を揺さぶったのでしょう。番組を観た人々から義援金が集まり、そのお金で二十五人の女性たちがアメリカに渡り、支援者の家庭に一年半滞在しながらケロイドの治療を受けたのでした。

アメリカでは「ヒロシマ・ガールズ」として新聞やテレビに紹介されたそうです。アメリカの人たちは彼女たちをたいへんあたたかく迎え、顔の傷が完全に癒えることはなかったけれども、この滞在は彼女たちの人生にとって有意義であったことを、ご本人たちが語っています。そして、日本に戻って来たときに再び「原爆乙女」と報道されてとても傷ついた……ということも。

現在の展示では、「原爆乙女」という言葉は使われておりません。被爆者の心を傷つけるとして、言葉は消されてしまいました。でも、私は当時、この言葉がマスメディアによって、センセーショナルに使われていたことの意味を考え続けたいと思うのです。

アメリカに渡った女性たちに「おまえたちが真珠湾を攻撃したからこうなったのだ」と罵声を浴びせるアメリカ人もいたそうです。でも彼女たちが出会った多くのアメリカ国民はおおらかで陽気で、傷ついた日本人を心よりもてなしました。彼女たちはアメリカ滞在中に外出を楽しみ、時にはパーティでダンスを楽しんだりもしたのだそうです。日本では被ばくに対する差別がありましたが、アメリカではその差別から自由になれたと言います。もちろん、その地でずっと暮らすことになれば事情は違ったかもしれません。それでも、この体験を通して、アメリカ人が悪い人ではないということを知った、と答える人が多かったのです。

当時、アメリカ人は真珠湾に奇襲をかけた日本人をたいへん憎んでおりました。アメリカ人もまた日本人を戦争好きの熱狂的で過激な国民と思っていました。日本人もアメリカ・イギリスを鬼畜米英と呼んでいました。相手を悪者だ、と思い込まなければ、苦しくて戦争などやっていられないのでしょう。

殺し合えばどちらも深い傷を受けます。ようやく戦争が終わって、悪夢から覚めたとき、なんの罪もない女性たちの顔にひどい傷を残したという事実は、アメリカ人にとって受け入れ難い、苦い現実であったと思います。アメリカに渡った女性たちは「アメリカ人を恨んでいない」と言います。では、彼女たちは自分が受けた傷を、どのように納得し、受け入れたのでしょうか。「日本が真珠湾を攻撃したから仕方なかったのだ」とは思えないでしょう。では、いったい彼女たちは原爆の碑に書かれた「過ちは繰返しませぬから」という言葉を、どんな気持ちで読むのでしょうか。このように、原爆の歴史をひも解いていくと、人間の心の暗い闇の中へ迷い込んでいってしまうのです。

■反核の耐えられない重さ

戦後から現在に至るまで、日本とアメリカは同盟国です。

でも、それはそれとして、どうして日本政府はアメリカに対して正式に「無警告の原爆投下」という、戦争状況の中でも逸脱した非人間的な行為に対しての、謝罪と反省を求めないのだろう、と疑問に感じました。

アメリカが第二次世界大戦に参戦したのは、日本が真珠湾に奇襲攻撃をかけたことが引きがねだ、というアメリカ側の主張があります。それは事実でしょう。当時、アメリカ国民の世論は戦争に反対でした。ですからルーズベルト大統領は参戦してイギリスを助けたいと思いつつ、なかなか参戦できないでいました。日本の真珠湾奇襲攻撃はアメリカに絶好の参戦の機会を与えたと言えます。

それでも、私は真珠湾への奇襲攻撃と原爆投下は並列で語れない問題だと思っています。たとえ戦時中であったとしても「原爆投下」は住民に予告し、住民に避難を促すという、最低限度の人道的な判断が必要でした。たとえ住民が従わなかったとしても、一般人への被害を最小限に食い止めるための努力を、アメリカは国家としてすべきでした。原爆投下を決断したのは、アメリカ国民ではありません。もともと参戦にすら反対していたアメリカ国民が、自国の領土に攻撃を受けて怒るのは十分理解できますが、だからアメリカ国民が日本に原爆を落とせと言ったわけではないのです。国民は原爆の存在すら知らされていませんでした。

原爆はごく一部の科学者と軍人と政治家が秘密裏に開発を進め、それを兵器として使用することを決めました。原爆は隠ぺいされていました。ロバート・ルイス氏も、軍人として原爆投下機に搭乗しただけです。彼にそのきわめて重要な職務を拒否する権限はなかったでしょう。

原爆の無警告投下は、戦争のルールからも逸脱した行為だということを、日本は主張する義務があったのではないか、と私は思っていました。それは唯一の被爆国だからこそ主張し続けなければいけないことであり、それと、アメリカとの同盟とは分けて考えていい問題ではないかと思ったのです。

原爆の記憶を伝承しろと国は言うけれども、なぜ、この出来事を「記憶」だけに留《とど》めて、国としては発言しないのか。それに対してあまり国民から疑問も起こらない。そのことが、取材をしていて不思議でした。反核行動をしている人たちは、全日本人から見れば圧倒的に少数でした。現代日本の多くの人たちは、無警告原爆投下という事実を「すでに過去の出来事」として受け止めているように感じました。

ここからが問題なのです。

私は心では、日本はアメリカの原爆投下に対して「国家の判断として間違っている」と言い続ける義務があると思っています。でも、正直なところ「反核」には関わりたくないとも思っていたのです。心では思っても、それを声に出したり、文章にして発表するのは止《や》めておこうと思っていたのです。なぜ？　と、そういう自分自身に疑問が生じました。わかりません。

どうしても反核運動に対して積極的になれません、気が重かったのです。

毎年八月六日が近くなると「核廃絶」というプラカードを持って、平和運動に参加している人たちがデモ行進を行います。全国各地から平和行進をして広島に向かいます。それは知っています。でも、私はその人たちに少し冷淡でした。地元の街で平和行進をする人たちを見かけても、遠巻きに眺めるだけで自分では参加しません。ずっと取材を続けて、原爆を投下したのは間違いだ、核兵器はなくしたほうがよい、そう思っているのにデモには加わりたくないのです。プラカードの文字も物々しくて好きではありませんでした。漢字ばかりの「核兵器廃絶」という看板を、見ているだけで苦しくなるのです。

「あの人たちの運動は、なんだか怖い感じがする」という、呆《あき》れるほど感情的な感想をもっていました。あのデモの仲間に入りたくはない、という心理が働き無意識に避けてしまうのです。その原因はどこにあったのか……と、自分の心を過去まで遡《さかのぼ》ってみますと、ある時期、大人から「あれはアカだから」「だってあの人、アカでしょう」と言われた記憶と結びつきました。

アカというのは社会主義・共産主義者という意味です。

一九五〇年代の最後の年に生まれた私は、のんびりした個性のない世代と呼ばれます。私について言えばその印象は合っています。十代、二十代の頃はマンガと演劇が大好きで、政治にも思想にも興味も関心もなく、戦後史も勉強せずにのほほんと生きてきた無知な女子でした。ただ、十八歳の頃から社会に出て働いていたため、人の陰口とか悪口、あるいは世の中がなにを嫌っているか……という、世間の雰囲気を読むことには敏感でした。

どうやら私のなかには、いつのまにか無自覚に、社会主義系の人は苦手とか、平和運動をしている人は少なからず左翼で、社会主義・共産主義思想に傾倒しているとか、そういう思い込みのようなものが巣くっていたと思います。そして、そのことにまったく無自覚だったのです。

改めて戦後の歴史を勉強し直して驚きました。第二次世界大戦が終わってから、米ソの対立が起こります。冷たい戦争と言われていましたが、冷たくなんてありません。熱い闘いが繰り広げられました。アメリカにおいて、まるで不安による神経症の発作のような、ものすごい社会主義・共産主義者への弾圧が起こりました。共産主義という疑いをかけられただけで、職を失った人、投獄された人たちがたくさんいたのです。

私の好きな映画に「マジェスティック」というアメリカ映画があります。日本では二〇〇二年に公開されています。時代設定は一九五一年のハリウッド。名優ジム・キャリーが演じる主人公のピーター・アプルトンは新進気鋭の脚本家です。その当時のアメリカでは赤狩りと呼ばれる共産主義者への弾圧が行われていました。そしてピーターは非米活動委員会から「共産主義者」と名指しされ、仕事を失い絶望のあまり川で事故を起こす……というあらすじなのです。

私はこの映画を観たとき、いったい映画の中で何が行われているのかわかりませんでした。なぜ主人公がいわれのないぬれぎぬで職を追われるのか？　問答無用の仕打ちでした。大した根拠もなく共産主義者だという疑いをかけられただけで、すべての地位や仕事を失うなんて信じられませんでした。納得ができず、いったいこの時代にアメリカでは何が起こっていたのかを調べてみました。すると、今の時代から見れば幼稚で馬鹿馬鹿しいくらいの共産主義者への弾圧が巻き起こり、まるで魔女裁判のようなことが公然と行われていたのです。それが赤狩りと呼ばれるものです。

その赤狩りの波は、当然ながらアメリカに占領され自由主義・資本主義の国となった日本にも及んでいました。いえ、社会主義者への弾圧は戦前からあったのです。日本も第二次世界大戦に向かう一九二〇年代にはたくさんの共産主義者が投獄され命を落としていきました。プロレタリア文学『蟹工船《かにこうせん》』の著者で有名な小林多喜二が築地警察署で拷問を受けて殺されたのは一九三三年の出来事でした。戦争に突き進む暗く重たい時代だったと思います。軍国主義一色になり、敗戦し、無条件降伏してやっと自由主義の世の中になりました。日本国憲法も制定されて、思想や宗教の自由も保障されるようになりました。戦前のように社会主義者というだけで投獄される、などということはなくなりました。

でも、だからといって《本当に自由になったか？》と問われると、私は首をかしげざるをえません。戦後の日本にもイデオロギーの対立がありました。自由ではありますが、巧妙な情報操作によって、人民の心が操られていたような気がするのです。しかも、それはとても複雑で込み入っているのです。

ていねいに歴史を追っていくうちに、「反核運動」というものがうまく社会主義・共産主義と結びつけられ、利用されていたのではないか……という疑問をもつようになりました。

■左翼とはなんですか？

第二次世界大戦後、日本の圧倒的に多くの国民は核兵器を永遠になくしたいと願っていました。広島と長崎に落とされた原爆の破壊力を世界で一番よく知っているのは日本人です。それは間違いありません。人間が熱線で溶けて消えてしまうような体験をさせられて、反核を叫ばないわけがありません。

では、その声はいつから小さくなってしまったのでしょうか。

どうも「反核」を叫ぶと……社会主義者っぽく見られる傾向があることを、私はもの心がついた頃からうっすらと察知していたように思うのです。

もしかしたら、私より若い世代の人たちは違うのかもしれません。でも一九五九年生まれの私はそうなのです。強く意識したことはありませんでした。とても無自覚でした。だから逆に呪縛となっていました。反核や反原発を強く主張すると、社会主義者と思われてしまいそうだ……と。それはどうも自分にとってあまり都合よくないことだ、と感じていました。なんの根拠もなく、素朴にそう思っていたのです。ですから意識するまでに何年もかかってしまったのです。

私が生まれた頃、一九六〇年前後には第一次安保闘争というものがあり、学生たちが大規模なデモを繰り広げていました。生まれたばかりの私が知るよしもありませんが、後にいろいろな文献を読むにつけ、当時の学生たちはアメリカと日本の安全保障条約改定に対して「安保反対」を叫び、反米を標榜《ひょうぼう》していたことがわかりました。しかし、彼らがいったいどんな思想をもって、何を主張したかったのかは、正直なところよくわかりません。

一九七〇年代、私が小学生の頃には、全世界的に学生運動が盛り上がります。日本でも「全共闘」と名乗る人たちが盛んにゲバルト棒をふるって大学を封鎖していました。小学生だった私には、これもよくわからない運動でした。

私よりも十年ほど先に生まれていた「団塊の世代」と呼ばれる人たちは、私の世代とは違い、とても政治的な行動をとった人たちでした。彼らはそれまでの社会のあり方に

反発を感じ「学生運動」を通して大学を改革しようとしたり、アメリカがベトナムで戦争をすることに反対したりしました。学生による自治を大学に求めてデモをしたり、授業放棄やストライキや、学校を封鎖したりしました。

テレビでは連日、ヘルメットをかぶりタオルで顔を隠した大学生の姿が映し出されました。彼らは「マルクス主義」という社会主義の思想に傾倒しており、国の政策に対しても強く反対していました。マルクス主義や資本主義については、後半でまたお話しします。

学生運動は、はしかのように全国に広がり、機動隊との衝突によって逮捕者や死者も出ました。ですがこの運動は、七〇年代の半ばから急激に沈静化していきました。この状況を学生側の敗北と言う人たちもいますが、少し違うように思えます。誰と誰が戦い、誰が勝って、誰が負けたのか。それがよくわからないのです。いったい、この時代の学生達は何と戦っていたのでしょうか。ほんとうに資本主義ではなく、社会主義の国にしたかったんでしょうか。

いったい団塊の世代にとって「学生運動」とは何だったのか、私は悩みました。その運動は社会革命を目指したものだったはずです。しかも、マルクス主義という思想にのっとっていたはずです。それなのに、かつて学生運動に参加したという方たちは、昼は大企業に勤務し、夜は資本主義にのっとって企業の利益のために「二十四時間戦えますか？」と歌っているのです。とても屈折していると思いました。彼らは心のどこかはまだマルキストなのですが、それでいて現実には資本主義にどっぷり浸《つ》かっているのです。

八〇年代には、大学は安穏とした平和のなかにあり、日本は高度成長の頂点に達しようとしていました。私の世代には、自由主義・資本主義に文句を言う人はごく少数でした。良い大学に入って、一流企業に就職すれば一生安泰だと、本気で信じられた時代だったのです。しかも好景気で企業はどんどん人材をほしがっていました。私には、前の世代がいったい何を革命したかったのか……それすらわかりませんでした。

会社員になって高給をもらいながらお酒の席で「労働者の権利」や「社会的貧困」について語るかつての全共闘世代には違和感を覚えました。それはあまりに口ばっかりのきれい事だと感じたのです。「闘争」や「革命」という言葉も絵空事に感じ、そういう単語を好んで使う人たちに対してうんざりしていました。言葉と行動が矛盾しているように見えたからです。

社会主義を標榜する人たち、かつて社会主義を標榜した人たち、その人たちと、まるで言葉が通じませんでした。そして、なぜか「反核」や「反原発」を叫ぶ人たちの多くが、この「生活者としてリアリティのない言葉」を使っているように感じました。そもそも、闘争なんて、時代遅れだと思っていました。

私は、ただ素直に、原爆を落としたアメリカは悪い。原子力も原発も原理は同じなのだから、平和利用と兵器に分けるのは無理があるのではないか、と考えました。

でも、それを言うと「あ、反原発なんだ？　へー反核なんだ？」と、ちょっと引いた目で見られてしまうのを感じました。なんだかあの難しい言葉を使う人たちと同じように見られた気がしていやでした。暗黙のうちにその雰囲気を察した私は、あまり大きな声で《反核・反原発》を言うのは止めておこう……と、思っていました。自分が全共闘的な発想をもった、リベラルな人間と見られることが不本意だったからです。

二十代の頃から漠然と共産主義はマイノリティだと思っていました。アメリカは正しい自由の国で、ソ連と中国はちょっと怖くてなにを考えているかわからない悪い国だと思っていました。そのようなイメージが、誰から教えられたわけでもないのに、いつのまにか自分のなかにでき上がっていたのです。

どうして私は、無自覚に「反核・反原発＝社会主義・共産主義」というような短絡的なイメージをもってしまったのでしょうか。この考え方はどこで私の無意識に侵入してきたのか、それについて思索するようになりました。私の父も母も兄も政治的には無色透明の人たちでした。そんなことは考えたこともなく、どうでもいい、生きて生活できればいい、しょせんそんなことを考えてもわからない、というような人たちでした。ですから、私も親と同じで何も考えなかったのです。政治について自分が考えても無意味とすら感じていました。私のように取るに足らない人間がなにか考えをもったところで、それで社会がどうなるわけでもない……と、諦めというよりも楽観的に無関心でした。

平和や、反核や、反原発に声を上げる人たちは、多くが「左翼」と呼ばれる人たちだと感じていました。彼らは「市民運動」や「デモ」などを通じて、いつも国というものに対して怒っているという印象がありました。差別に反対する人権運動や、死刑廃止なども、登場するのは「左翼」というような人たちが多いなあ……と、漠然と思っていました。

「左翼」というのはよく聞く言葉だけれど、いったいその内実はなんなのか。どういう人たちを総称する名称なのか理解してはいませんでした。でも、私が二十代の頃には「左翼」に対して「右翼」という言葉があり、その二つはいつも対立的に使われていました。おおむね「左翼」の人たちは弱者の味方で、リベラルを志向し、いまの国のあり方に反感をもっている人たちのようでした。それは素晴らしいことなのだけれどなにか共感できないのは、それが対立構造のなかで作られたイメージだったからかもしれません。どこか、偽善的な雰囲気がついてまわったのです。二十代の終わりくらいまではそんな印象をもっていました。

でも、九〇年代で時代がバブル絶頂を迎え、同じ時期にソ連共産党が解散してしまうと、もうなにが「左」でなにが「右」なのかわからなくなり、そういう区別そのものが時代遅れになってきました。ですから、今の若い方たちには「右翼」も「左翼」もまったく興味のないことだろうと思います。

いったい「右翼・左翼」とはなんでしょうか。正直に言えば今でもわからないのです。そしてわからなくて当然なのです。つまり「右翼」「左翼」という名称は「相対的」な使い方をされるのです。時代や場面によっていかようにも利用され変化する実態のない言葉だったのです。相対的であるから明確な定義が存在しません。

こういう言葉には注意が必要です。この言葉を使う人は、言葉を自分の都合のよい文脈のなかで解釈している可能性が高いからです。ですから、別の言葉で置き換えてもらわなければ、聴き手との間にズレが生じていることがよくあるのです。多くの人は私と同じようにぼんやりとした印象でしかこの言葉の意味を捉えることができなかったと思います。

私が十代の頃にはまだ右翼・左翼という言葉が入り乱れ、「社会主義」と「資本主義」の対立があり、私はその余波を受けて生きていかざるをえませんでした。考えてみれば現代よりもずっと、社会主義思想が叫ばれていたのです。私より上の世代は親たちの戦後の貧困と飢餓の苦しみを共感できる世代だったのかもしれません。私の世代になると、もうそれがわからないのです。そしてたぶん、私より下の世代の人はもっとわからないでしょう。

たとえば、いまの社民党はかつて社会党という名称で、もっとはっきりとした政策的対立軸を打ち出して差別化されていました。かつて社会党は自民党に対立する政党でした。ですが時代とともにどんどん存在感が薄れて議席数を減らしていったのです。

現在、民主党が日本の政権与党となり、戦後から続いた自民党体制に終止符を打ちました。六十年以上、ずっと政治の世界が変わらなかったというのは驚くべきことです（一時期、連立内閣もありましたが長続きしませんでした）。二〇〇九年の政権交替となった選挙で民主党のマニフェストのなかには「原子力推進」が謳《うた》われていました。私は原子力推進には反対の立場でしたが、政権交替を民主党に託して一票を投じました。ほんとうに原子力を止めたければ、社民党に投票すべきでしょう。政策として脱原子力を挙げていたのは社民党だけです。でも、私は社民党に政権を託すという気にはなれませんでした。

社会主義的な政党に失望したのは、小泉政権で拉致被害者が北朝鮮から戻って来たときでした。あまりにも無力で頼りにならない社会党、そして共産党にほんとうにうんざりしてしまったのでした。本来なら彼らこそ拉致被害者救出に尽力すべきではなかったのか、と思いました。

しかし、どういうわけか、反核も反原発も、社会主義系の政党の主張、という構図が日本の政治にはありました。ずっと子どもの頃からそうでしたから、それがあたりまえだと思っていました。社会主義は反原発、資本主義は原発推進。そういうものだと疑問も持たなかったのです。

でも、四十歳を過ぎて東海村の原子力発電所の事故をきっかけに原子力の、そして広島取材をきっかけに原爆の取材をしていくうちに、ちょっと待てよ、なにかが違うと感じ始めました。

■ 歴史に共感するということ

二〇〇一年九月十一日にニューヨークのビルに飛行機が激突するという、イスラム原理主義者によるテロ事件がありました。ビル崩壊の映像が繰り返し流れて世界を震撼《しんかん》させたこの事件は、新しい闘いの世紀の幕開けでもありました。その頃から私は、ようやく自分の生きている世界のあり様について、自分の頭で考えるようになっていました。いったいなぜイスラム圏の人たちは怒っているのだろう。アメリカはなぜ戦争ばかりしているんだろう。

世界を理解するために、イギリスの産業革命から第一次世界大戦、第二次世界大戦、そして戦後から現代に至るまでの歴史を勉強し直しました。

近代史から現代史へと読み進むうちに、直面したのは私自身の思い込み、私自身のなかにあるイメージの原爆、原子力、さらには私自身の思い込みでつくられた国家のいびつな姿だったのです。なぜ私はこれらの問題をこんなに歪《ゆが》んだ目で見ていたのか、あまりに無知だったことにがく然としました。私は子どもの頃からアメリカが大好きでした。アメリカは世界で一番かっこいい国だと信じてきたのです。そして、ソ連や中国が嫌いでした。理由もなくそう思っていました。

でも、すべては思い込みだったのです。世界を歴史の流れで見てみると、国とはなにか、イデオロギーとはなにか、人間とはどういう存在かが、ようやくぼんやりと浮き上がってきたのです。そして怒りを感じました。どうして学校はこんな大事な事を教えてくれなかったんだろう……と。

歴史を学ぶことで、私は「自分にとって」の原発、原爆の問題と向きあえるようになりました。私自身の思い込みの根源を深く探ることで、この問題の不気味さに初めて触れたのです。そして、その不気味さがリアリティとなってぞわぞわと立ち上がってきたとき、原爆、原発はついに《私自身の問題》となりました。

私は若い世代の方に伝えたいのです。過去の問題にいくらリアリティを感じようとしても、そこには限界があります。私は十年、原爆の取材をして、放射線を浴びせられた方たちの記録を読み、お話を伺っていますが、それを自分のことのように感じることはやはり不可能でした。私は私のことしか本質的にわからない。それは誰でもそうなのです。

共感とは同情のことではありません。おかわいそうに、つらかったでしょうにと、涙を流しても、他人である私は翌日にはもうそれを忘れて生きていくことができます。他者の体験には至れない。せつないことですが、これは人間の宿命であり、どうしようもありません。

ひたむきに自分というものを手がかりにして思索し、自分が感じる違和を大切にして他者と向きあってほしいと思うのです。

あたりまえだと思っていることの裏に本質が隠れています。あたりまえのことなんてないのです。もしあったら、それは「あたりまえだと思わされているだけ」なのです。すべての出来事には歴史があり、そこに至るまでの経緯があります。複雑に入り組んださまざまな事情があり、簡単に善悪を判断することができません。もし単純でわかりきった善悪が目の前にあったとしたら、それは「嘘《うそ》」なのです。誰かの都合によって善悪を決められているだけなのです。

現実はすべて、さまざまな因果によって成り立ち、善いも悪いもない渾然《こんぜん》一体となったペルシャ織の絨毯《じゅうたん》のようです。事象は精妙な編み目のなかの一つの図柄として存在しているのです。その編み目の一つとして自分を自覚できたとき、同じ編み目の別の一つとして存在する他者との共感が、奇跡的に生み出される時もある……ということなのです。共感とはそのような希有《けう》なものです。だからこそ、共感が生起した時には、自分を変えてしまうほどの力をもって他者が迫ってくるのです。

第2章

新しい太陽は、どうやって生まれたのか？

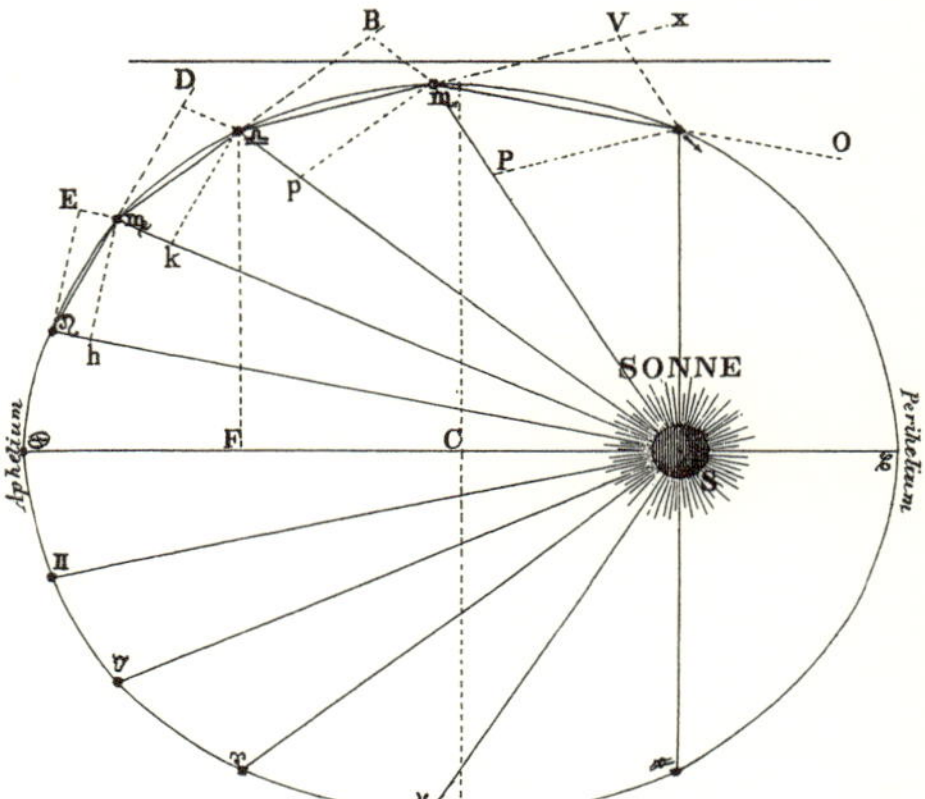

■太陽は原子のなかにあった

日本は二十世紀から二十一世紀にかけて、合わせて五回も被ばくをしている希有《けう》な国です。まるで核の烙印《らくいん》を押されたかのように、被ばくを繰り返しています。

一九四五年の広島、長崎への原爆投下。これは人類史上初めて、核が人間の頭上に落とされた歴史的な出来事でした。そして、一九五四年にはアメリカの水爆実験によって第五福竜丸の乗組員が被ばくしました。一九九九年には東海村の原子力関連施設で臨界事故がありました。

そして二〇一一年三月十一日、歴史上二度目のレベル7に達した福島第一原子力発電所の臨界事故が起こりました。福島原発の事故は世界中の注目を集め、福島は広島、長崎に続いて世界から「フクシマ」という固有名詞で呼ばれる特別な場所へと変貌したのです。

日本人が、核に対しては激しい憎悪と怒りを感じているのはあたりまえです。核の行使には絶対に反対だと思っていました。ところが、その後、日本は原子力を導入し、高度成長期に日本中に原子力発電所を建設します。そして、世界でも有数の原発大国となっていくのです。核を憎んでいたはずの日本が、なぜ核エネルギーを受け入れ、多くの原子力発電所を有する国になったのか。とても不思議ではないでしょうか。

そしてまた、核兵器の恐ろしさは、広島と長崎への原爆投下によって世界中に証明されたにもかかわらず、核兵器はこの世界からなくなりません。それはなぜでしょうか。

そもそも、核とはどういうものなのでしょうか。

人間にとって、核とはなんなのでしょうか。

ヒロシマ、ナガサキに原爆が落とされるまでの経緯、そして、その後の世界の国々の在り方を見つめながら、核というものが私たちにどのような影響を与えてきたかを考えてみたいと思います。

核兵器は、なぜ「核」兵器なのでしょうか?

この核は原子核の核です。原子核の歴史は二十世紀の物理学の歴史でもあります。

この世界にある物質を構成しているものは、つきつめていくと同じものではないのか？　ということは、ギリシャの時代から考えられてきました。でも、それを確かめる術《すべ》はありませんでした。人類にとってミクロの世界は神秘に閉ざされていました。ところが、産業革命以降、急激に発達した科学技術の進歩によって十九世紀の末から二十世紀にかけて、人類にとっての難問であった「物質を構成する最小のものはなにか？」という疑問が次第に解き明かされていったのです。

まず、中世の錬金術から発達してきた化学の分野で、ロバート・ボイルが「どんなに実験を繰り返しても合成できない物質「元素」が存在する」ことを唱えます。水素と酸素が元素で、その化合物が水分子であることは、現在では中学生でも知っていますが、それを解明し発見することは大変な作業でした。十九世紀の科学者は原子も分子も見る技術をもっていませんでしたが、実験を重ねることによってこの世界はそのような極小の粒子で構成されている……ということが科学の共通認識になっていきます。

一八九〇年代には、ジョンストン・ストーニーが電気の基本単位として電子という名前を提案します。同じ頃に、ジョセフ・ジョン・トムソンは電子の荷電量と質量を明らかにします。それによって化学的には分解できない原子が、物理学的には電子と、電子の二千倍の質量をもつ二つの部分に分かれている……ということを発見するのです。

物理学者たちは、この電子の二千倍の質量をもつ《未知なる存在》に夢中になりました。そして、その存在の謎を解明しようとしたのです。

特に、第一次世界大戦から第二次世界大戦に至るわずかな期間に、理論物理学と実験物理学は競い合うようにさまざまな成果を発表し、後に原子物理学と呼ばれる学問の基礎が作られました。さらに、原子の内部構造はどうなっているのか、それを知る大きな手がかりとなったのはキュリー夫妻によるラジウムの放射線の発見でした。放射線が電子の放射であることが判明したのです。

そして一九一一年にイギリスのアーネスト・ラザフォードがアルファ線の実験を通して原子の内部はほとんどがすかすかの空間で、その空間のなかに原子直径の十万分の一にも満たないが、ものすごく固いなにかが存在している……と予測し、そのなにかを「原子核」と命名します。

科学者たちが考えれば考えるほど原子の内部の電子や原子核は矛盾をきたす存在でし

た。それまでの物理学の考え方では、この目に見えない極小の世界の現象は辻褄《つじつま》が合わないのです。

その頃に考えられていた原子モデルは、原子核を太陽とし、電子が惑星のように原子核のまわりを回っているという太陽系をモデルにしたものでした。

しかし、ニールス・ボーアが登場し、そのような視覚的な原子モデルでは原子内部の現象の問題を解決できないとし、量子論が登場するのです。

一九二〇年代、ヨーロッパはひどいインフレーションに苦しんでいましたが、科学者たちはみな元気でした。彼らはまだ情報網が発達していなかった時代にもかかわらず、手紙や電文で頻繁に意見交換をし、まるで世界中が一つのラボであるかのように団結し、この世界の神秘、いったい世界はいかなるモノで構成されているのか……という謎のベールを一枚ずつめくっていったのです。

中心になっていたのは三つの都市、イギリスのケンブリッジ、ドイツのゲッチンゲン、デンマークのコペンハーゲンでした。とりわけゲッチンゲンには、その後に原爆の製造に関わる優秀な物理学者たちが集まっていました。原爆の父と呼ばれたオッペンハイマー、水爆の父と呼ばれたエドワード・テラー、二次中性子の放出に成功したエンリコ・フェルミもゲッチンゲンに留学して学んでいました。ケンブリッジには、後にエルビン・シュレディンガーと共にノーベル賞を受賞したポール・ディラック、そして、原子核の人工変換に成功したアーネスト・ラザフォード、コペンハーゲンには量子論でアインシュタインを論破したニールス・ボーアとその弟子たちがいました。彼らは互いに意見を交換しあい、実験成果を公表しあい、議論を重ねて宇宙の神秘の解明に熱中していました。

なぜなら、彼らが発見しようとしていた真実は、それまでの物理学の常識を覆してしまう、いわば認識論の革命だったからです。世界の在り方自体が変わろうとする時代、その最先端にいた物理学者たちには、なんともいえない共同意識が芽生えていました。彼らは「物質の世界の根底をつなぎあわせて、この世界を形づくっているものはなにか?」という神の領域とも言える場所に足を踏み入れていたのです。

もちろん、それは市井の人間にとってはまったくどうでもいいことでありました。確かに、アインシュタインが物質とエネルギーが交換可能であることを証明したことにより、科学者たちは空に輝く太陽がなぜ輝き続けるのかその理由を予測できるようになりました。でも、太陽が輝き続ける理由なんて、生活者にとってはどうでもいいことなのでした。だってそれは《あたりまえ》のことなのですから。太陽は大昔から輝いており、明日もまた輝く。それを問う必要がどこにあるでしょうか。

その頃はまだ、物理学は限られた天才たちの知的な道楽のようでもありました。それが、社会、ひいては地球に住む全人類に多大な影響を与えるものになっていくとは、一九二〇年代にはたぶん、ＳＦ的な空想の中の出来事だったでしょう。

核エネルギー、つまり原子核の分裂から大きなエネルギーを得るという発想は一九三〇年代に生まれました。その頃には原子核が陽子と中性子から形成されていることがわかってきました。

原子のなかの電子はマイナスの電気を帯びています。原子核を構成する陽子はプラスの電気を帯び、中性子は電気的には中性です。陽子と中性子の数はだいたい同じで、二つはぎゅっと固く結びあっています。そのまわりを電子がくるくる飛んでいるのです。

原子の大きさはおよそ一億分の一センチメートル。原子核はその十万分の一ほどの大きさしかありません。とても小さい原子核ですが、そのなかに陽子と中性子が強い力で寄り固まっているのです。

この原子核の陽子と中性子が同じくらいの数ですと、原子は安定して存在できるのです。でも、もしその数がすごく多くて異なると、原子は不安定になり、安定するために軽くなろうとして原子核崩壊を起こします。原子核が崩壊するときにα線、β線、中性子線といった放射線を放出します。そうやってエネルギーを捨てることで、異なる原子に変わってしまうのです。

原子核の結びつきはそれはそれは強くて、化学反応などで簡単に壊れるものではありません。でも、中性子は電気的に中性なので、プラスの電気を帯びた原子核と反発することなく近づくことができるのです。原子核が外部から中性子を吸収すると、バランスが崩れて原子核が二つに分裂することがあります。そのとき、原子核を結び合わせていた強いエネルギーが放出されます。それが原子エネルギーです。でも、はじめは核分裂によって生じたエネルギーを取りだすなど、絶対に不可能と思われていました。

ところが、三〇年代にこの研究をしていた物理学者たちが、同時多発的に、あるアイデアを思いつくのです。

それは、核分裂を連鎖させる……というアイデアでした。

当時、天然に存在していた元素のなかで一番、質量が重いのはウランでした。質量が重いということは、原子核をつくる陽子と中性子の数が多いということです。そうすると原子は不安定になります。このウランの原子核を崩壊させる……それも単に分裂させるのではなく、次々と分裂の連鎖を起こさせれば、一瞬にして莫大なエネルギーが得られることを、人類は猛烈な速度でつきとめてしまったのでした。

■ヒトラーと核兵器

当時、レオ・シラード、エンリコ・フェルミ、オットー・ハーン、などの科学者たちが核エネルギーの解放を必死で研究をしました。もちろん、この研究は危険が伴うもので、高価な実験装置が必要でした。でも、研究が驚くほどの速さで実現化したのは、この時代にヒトラーが台頭し、世界が第二次世界大戦に向かっていたからでしょう。ヒトラーの存在が人類の原爆開発を早めたとも言えます。

とても不穏な時代でした。ヒトラーは独裁体制を強め、ついにユダヤ人や犯罪者であるというだけで、たくさんの人々を強制収容所に送り始めました。

ドイツのゲッチンゲンで物理学を研究していた科学者たちの多くもユダヤ系の人々でした。彼らはナチスから逃れるために散り散りになりました。ヨーロッパ全土に危険な空気が流れてきたため、さらにアメリカに亡命する者も少なくありませんでした。亡命科学者たちは職を失い、研究を続けることができなくなりましたが、科学者同士の団結はとても強く、逃れた仲間のために研究施設を紹介したり、新しい職を斡旋《あっせん》したりと物理学者ネットワークがフルに活用されました。

そんななかで、ドイツのオットー・ハーンが核分裂を連鎖させるための中性子の放出に成功したというニュースがヨーロッパに広がります。アメリカに亡命し、コロンビア大学で同じ実験に取り組んでいたハンガリー系ユダヤ人科学者のレオ・シラードは、その報《しら》せに危機感を覚えます。

レオ・シラードは第一次世界大戦で従軍した経験をもつ苦労人の科学者でした。彼は生物学を専攻し、後に物理学の領域に入ってきます。シラードは科学の分野で特別な功績を残した研究者ではありませんが、彼にはずば抜けた才能がありました。それは、並外れた洞察力をもっていたことです。シラードには現在起こっていることが、これから先にどのような影響を及ぼすかがよくわかったのです。科学者は世俗のことに疎く研究だけに専念しがちですが、シラードは違いました。この科学技術が社会にどのような影響を与えるか、ということを予測することができた人物だったのです。

シラードは、もしヒトラーが核エネルギーを兵器に利用することに成功したら、必ずそれを戦争に使うだろうと考えました。ナチスドイツが核兵器を思いつかないはずがない。では、ナチスが核兵器を手にいれたらどうなるだろうか。世界は破滅すると考えました。

たぶん現代を生きている私たちには、シラードの危機感がよく理解できないと思います。ナチスがドイツに台頭してきてどのような粛正が行われたか。軍隊が学問の聖域にまで侵入してきたことが研究者にとってどれほど強い衝撃であったことか。命からがらヨーロッパを転々とし、アメリカに渡ったシラードにとってナチスは脅威でした。だからシラードを、心配性の小心者だと笑うことはできないのです。

まず、シラードは核の研究をしている物理学者たちに手紙を送り、研究の成果を発表しないようにしようと提案します。核エネルギーを戦争に使用されることを避けたかったのです。賛同する者もおりましたが、無視する者もおりました。研究の成果をいち早く発表してその業績を我が物にしたいと思う野心は誰にでもあります。シラードの提案に従って公表を控えているうちに、他の者に発表されてしまったら、と思うと気が気ではなかったのです。ですから、核に関する重要な研究発表は世の中に出てしまいました。

シラードや一部の科学者は、ヒトラーが原爆製造に着手していることは間違いないと確信していました。実はこのとき、ヒトラーはまったく新兵器の開発などに着手していなかったのです。シラードたちの心配は杞憂《きゆう》だったのです。皮肉なことですが、当時のヨーロッパ人にとってヒトラーはそれほど恐怖の対象だったのでしょう。

ヒトラーの原爆製造を信じきっていたシラードは、原爆をヒトラーに使用させないための唯一の方法として、アメリカ政府にも原爆を製造させナチスドイツへの抑止力としようと考えました。そして、アメリカ政府に対してナチスによる核開発の危険性を訴えましたが、なんの後ろだてもない亡命学者の話など、アメリカ政府は聴く耳を持ちませんでした。そもそも、説明されたところで一般人には「原子のなかにある小さな原子核から世界を破滅させるエネルギーを取り出す」などと、あまりにも荒唐無稽な話だったのです。

悩んだ末にシラードは、当時、すでに天才科学者としてその名を知られていたアインシュタインに、ルーズベルト大統領宛ての手紙を書いてもらうことを思いついたのです。最初はアインシュタインも「核エネルギーの連鎖が実現する」という話には半信半疑でした。でも、エンリコ・フェルミと共同で行ったシラードの実験の報告を聞くうちに、事態の深刻さを理解しました。

一九三九年、アインシュタインはシラードと共同でルーズベルト大統領に一通の手紙を送ります。これが、その後に有名になる「アインシュタインの手紙」です。この手紙には、核エネルギーの可能性が短い文面で簡潔に述べられておりました。ドイツが開発するまえにアメリカが……と、進言したこの手紙が、歴史的には「核兵器開発計画」のきっかけになったとされています。手紙の内容は原子核の分裂によりエネルギーが得られたことを想定し、ウラン燃料の確保、原爆開発後に起こるであろう核開発競争や、資源強奪などの紛争を、アメリカが中心になって解決するよういまから準備してほしい、という国際政治を視野に入れた提言でした。この手紙の文面から、シラードやアインシュタインがアメリカ合衆国という国を、正義と倫理ある自由の国として心から信頼していたことがわかります。

アインシュタインは平和主義者でしたから、戦後に自分の親書が原爆製造のきっかけになったことをたいへん嘆きました。絶対に核兵器を戦争に使わせないためにとった行動が、逆の結果を招いてしまったのですから。

確かに、手紙がきっかけになって、その後に公式にウラン諮問委員会が発足するにはしましたが、当時はまだ、ルーズベルト大統領は核エネルギーにさほど興味がなく（たぶん理解できなかったのでしょう）、軍から科学者に調達された研究資金も雀《すずめ》の涙ほどでした。

事態が一転したのは、イギリスがユダヤ人亡命科学者による《核兵器》のアイデアを大統領に具体的に提示してからでした。戦況も変わっていたこともあり、参戦に乗り気だった大統領は戦争に使える核兵器のアイデアに飛びついたのでした。

すぐさま国家プロジェクトが作られ、後に「爆弾将軍」との異名をとるレズリー・リチャード・グローヴズ准将がその責任者に任命されました。グローヴズ将軍は職務に忠実な優秀な軍人で、科学者たちの指揮官として敏腕をふるいました。それによってこの核開発計画は完全に軍主導となったのでした。

一九四二年、核兵器製造に向けていよいよ「マンハッタン計画」が始動しました。有能な科学者がロスアラモスの砂漠に集結させられました。その中心となったのは、ナチスによるユダヤ人狩りを逃れて亡命してきた多くのユダヤ人科学者たちでした。大戦のさなか、職場を追われた彼らは請われるままにロスアラモスに集まり、原子爆弾の製造に心血をそそいでいったのです。

でも、強制収容所を逃れた彼らが、砂漠の中の兵舎のような研究施設で原爆を作ることになるのは、歴史の流れとはいえとても皮肉なことではないでしょうか。

マンハッタン計画は軍の指揮下に置かれ、上層部の科学者を除いては個々の受け持ちの研究以外の情報は与えられませんでした。徹底的な機密管理が行われ、外部との交流も遮断されました。科学者たちにとって研究所での生活は過酷だったと思います。職員全員に達成不可能とも思える目標と労働が課せられていました。時は急を要したのです。なにしろ戦況が刻々と変化していたのですから。

このロスアラモス研究所の所長に任命されたのは、ユダヤ系科学者J・R・オッペンハイマーです。彼は亡命者ではありません。ニューヨークに生まれ、ハドソン川を見下ろすリバーサイド・ドライブで育ったアメリカ人。召使いのいる裕福な家庭で育ち、両親の教育水準も高く、ハーバード大学で学んだいわゆるエリートでした。ナチスに迫害されたこともなければ、食べるものに困ったこともない。文学や音楽にも造詣の深い優秀な人物でしたが、世俗のことにはほとんど興味も関心も持たない純粋培養の青年でした。オッペンハイマーが政治にも、社会情勢にも疎かったのはそれが彼の順風満帆な人生に必要なかったからでしょう。その反動でか、二十代半ばにジーン・タトロックという共産主義者の女性と恋愛関係になり、党員にこそなりませんでしたが左翼系の組合に積極的に参加しています。それが後に彼が「ソ連のスパイ」として告発される原因となったのは皮肉なことです。

ドイツに留学していた頃のオッペンハイマーは、若手の論客として有名でした。その才能は周囲の知るところでした。しかし、彼にはレオ・シラードのような洞察力というものがあまりありませんでした。多くの科学者がそうであったように、彼も自分の研究している科学が未来にどんな影響力をもつか、ということを具体的に考えることができませんでした。


『ヒロシマを壊滅させた男 オッペンハイマー』(白水社)という評伝の中に、原爆実験地であるロスアラモスに、初めて彼が訪れた時の様子が、とても印象的に描かれています。この本を参考にしながら、原爆の誕生までを追ってみることにしましょう。

ロスアラモスを核実験地として選んだのは、オッペンハイマー自身でした。実家がニューメキシコに牧場をもっており土地勘があったのです。候補地としてロスアラモスを訪れたオッペンハイマーはひと目見るなりこの地を気に入ったそうです。そこは原爆を

J. Robert Oppenheimer

Leo Szilard

Edward Teller

Albert Einstein

製造するにはぴったりの荒涼として広大な土地でした。しかも美しい。オッペンハイマーの脳裏にイギリス詩人ジョン・ダンのソネットの一篇がひらめきました。

私の心を打ちくだけ。
三位一体なる神よ。
あなたは私を打ち、息を吹きかけ、照らすことで、
私を改めようとなさった。
これからは、力一杯に私を倒し、破壊し、吹き飛ばし、燃やして下さい。
新しい私の創造のために。

夕暮れになれば砂漠をえぐったような渓谷が血の色に染まります。見渡す限りの荒涼とした大地に立って、オッペンハイマーはなにを思ったのでしょう。核分裂の連鎖によって生まれる想像を絶するエネルギーが、やがてこの大地に第二の太陽として輝くこと

を夢見たのでしょうか。

彼はこのロスアラモスの実験場、のちにはここで行われた核実験を「トリニティ」と呼びました。トリニティ＝聖なる三位一体、それはもしかしたら、姿を変えた物質への神の顕現を表現したかったのかもしれません。

■トリニティ実験の成功

一九四一年十二月、日本軍がアメリカ領土であるハワイの真珠湾を攻撃します。これによって、アメリカは第二次世界大戦に参戦してきます。

もともとアメリカの世論は戦争に参戦することに反対でした。アメリカは一六二〇年代にイギリスから渡った人々がつくった国です。アメリカがアメリカ大陸という広大な国土を開拓して国力を蓄えている間、ヨーロッパはずっと戦争を繰り返していました。アメリカはヨーロッパの戦争に巻き込まれなかったために発展したとも言えます。第一次世界大戦でも後から参戦しています。ですが、第二次世界大戦で、初めて国土が攻撃されたことはアメリカの人々にとってショックでした。

当時、イギリスの首相であるチャーチルと仲の良かったルーズベルトは、イギリス海軍がたびたびドイツ軍に襲われていることを快く思っていませんでした。イギリスにとっての損失は経済的に深い関係にあるアメリカにとっての損失でもありました。しかし、世論は戦争には反対だったので、ルーズベルトは参戦の機会をうかがっていたと言えるかもしれません。

ついに史上最大の作戦に打って出たアメリカ軍の攻撃力はすさまじく、戦況は圧倒的にアメリカに有利に展開しました。ナチスの敗戦色が濃くなると、アメリカ政府は早くも戦後の領土分割を心配するようになっていました。第二次世界大戦後に世界を牛耳るのはアメリカか、ソ連か。

南方戦線で敗退している日本の降伏は時間の問題に見えましたが、沖縄を攻められてもまだ無条件降伏する気のない日本人は、アメリカにとって不気味でもあったでしょう。もし、ソ連が沈黙を破り日本に対して宣戦布告したら、戦後、すぐさま日本に侵攻するだろう、とアメリカは予想しました。そうなると日本を極東軍備の拠点と考えていたアメリカの計画が崩れる。なんとしても、日本を無条件降伏させてアメリカが占領したい。終戦後の米ソの領土合戦がすでにスタートしていたのです。

一九四五年四月三十日。ヒトラーが自殺しました。

もし、核兵器開発が計画当初の目的通り、対ナチス戦略であったなら、この時点で開発を中止してもよかったはずです。

しかし、日本にとって不運だったのは、ヒトラーが亡くなるおよそ半月前に、アメリカのルーズベルト大統領が脳卒中により急死したことです。後任となったのは、日本に原爆投下を決断したトルーマン大統領でした。彼は原爆という力をもって、自分の指導力をアピールしようと考えたのでした。

ドイツから日本へと標的を変えて、核兵器の研究は続けられました。ドイツ連合が降伏した時、ロスアラモス研究所から去った科学者はジョセフ・ロートブラットのみ。彼を除いた全員はその後も一丸となって、寝食を削りながら核兵器製造に没頭していくのです。そこに疑問をさしはさむ余地はありませんでした。彼らはただ、目的の遂行のために忠誠を尽くして働いただけです。砂漠の真ん中で隔離され、情報を遮断された極限状況で、自分たちが生み出したものが将来どのような影響を世界に与えるかについて、冷静に思考することは不可能だったと思います。しかも、彼らのインテリジェンスは自分たちがすでに洗脳状態であることを認めようとしなかったのです。

一方、シラードはいつしか核エネルギー開発が完全に軍部の主導で動くことに苛立《いらだ》ちと不安を抱えていました。こんなはずではなかった。ヒトラーが核兵器を手中に収めることを危惧してアメリカに開発を進めたのは、シラードがアメリカを自由の国と思い、アメリカの倫理や正義を信じたからでした。

しかし、事態は彼の希望通りには進まなかったのです。科学者の発言は認められず、戦争のことばかり考えている軍の将軍が計画の指揮を取り、科学者は軍に刃向かうことはできませんでした。

シラードにはこの頃から新たな未来のシナリオが読めていました。

今後、核エネルギーは人類に新たな可能性をもたらすだろうが、同じように災厄ももたらす……と。

核を生み出す鉱物は世界のごくわずかな地域でしか産出されません。その土地の資源を巡って熾烈《しれつ》な闘いが起こるだろう。もし、核兵器の破壊力が認められれば、大国は競って核製造に取りかかる。そうなったら軍拡競争が起きる。社会秩序は壊れて人類は核の恐怖におびえながら生きることになる。実に正確に彼が現代の状況を予測していたのは驚くべきことです。

戦時中も、核に対する暫定委員会は何度か開かれましたが、シラードのように戦争終結後の世界を見据えている者はほとんどなく、議論は核兵器使用を前提としたモラルの問題で費やされたのです。この時まだ、ほんのわずかな科学者、たとえばニールス・ボーアや、レオ・シラードたちしか原子核分裂の連鎖から放出されるエネルギーの破壊力を想像できていませんでした。見たことのないもの、体験したことのないものを、想像することができないのは仕方ないことかもしれません。そして、恐ろしいことに人間の好奇心は未知なるものを求めてしまうのです。

いったい、核兵器を、警告なしで人間に対して使用していいのか？

具体的に原爆の完成が見えてくると、その行使の倫理を巡って意見が対立しました。当初はナチスへの対抗策だった原爆開発ですが、いつのまにか対ソ連に向けて、覇権争いの切り札になっていました。科学者たちの会議は踊ります。

「問題は、どうやったら有効にソ連にショックを与えることができるかだろう」

「いや、ソ連とは技術協力で友好的な関係を築いたほうがいい」

「米ソで共同で核を管理していく方向を考えては？」

「バカな、そんなことはありえない、いいか我々は絶対に核において優位に立たなければならないのだ。どんな手段を使ってでもソ連に脅威を与え戦後の国際社会のイニシアチブを、アメリカがとっていかなければならないのだ」

さまざまな記録文献から、科学者と軍部との対立が読み取れます。そして結果的には原爆推進派のジェームズ・F・バーンズの意見を、トルーマン大統領は支持するのです。日本に原爆を落とすことは、対ソ戦略に向けて日本をアメリカ陣営に置きアジアの戦略拠点とするためでした。同時にソ連に対してアメリカの力を見せつける威嚇《いかく》の意味もありました。

それでも、民間人の頭上に原子爆弾を落とすという意見には最後まで反対意見が出ました。

「日本に対して無警告で原爆を落とすのではなく、原爆のデモンストレーションを見せて降伏させる方法はないか？」

という意見に対して、オッペンハイマーは科学者として実に合理的な見解を述べています。

「事前に日本に警告を発した場合、原爆が不発に終わったらどうなりますか？　日本軍が原爆搭載機を撃ち落としたら？　原爆の脅威をデモンストレーションで見せるなんて不可能です。それにもし、実演を見ても日本人が降伏しなかったらどうしますか。実際、原爆がどれくらいの人間を殺せるかはまだ未知数なのですから」

結果、日本にとってきわめて重要な三項目が決議されました。

原爆は日本に対して使用する
攻撃目標は民間居住区に囲まれた軍事施設
原爆は予告なしで使用する

この決定に多くの科学者が反対しました。

日本に原爆を落とすことに反対した科学者はたくさんいたのです。

オッペンハイマーの恩師にあたる物理学者のジェイムズ・フランクは「フランク委員会」を組織して反発、フランク委員会は核の社会的、政治的な影響を議論し政府に対して「長期的な核の影響を考慮し、戦後の世界における軍拡競争の激化を助長しかねないという認識をもって対処すべし」という報告書を提出しました。

「核兵器の威力は無限大。科学的な事柄が大部分を占めている機密事項を曖昧にしたり、原料となる資源の供給源を押さえることで軍拡競争を回避することはできない。国際社会が協力して管理体制を作る以外に核兵器のある未来の存続はなく、戦時下である今から、そのための行動を起こすことが重要だ。日本に対して警告なしに原子爆弾を使用することは道義的にも政策的にも、そして外交的にも、どのような観点から考えても無謀である。もし、そんなことをしたらアメリカは国際社会のなかで孤立するだろう」

原爆の父・オッペンハイマーは、フランク委員会の報告書を読み、ため息をつきました。彼は彼なりに悩んではいたのです。報告書には原爆推進派による覚書も添付されていました。推進派の意見内容はきわめて人道的でした。

「この、フランク委員会の報告書には根本的な問題があります。原爆がいかに多くの人命を救済するかという視点に欠けていることです。もし本土決戦になったらどれほど多くのアメリカ兵と日本兵の命が失われることか……」

この《多くの人命救済》という推進派の意見が、オッペンハイマーにとって（己の良心に対する）言い訳となったかもしれません。結局、彼は原爆投下への不安を感じつつも、フランク委員会の意見を積極的に支持はしないという、ハムレット的な妥協案でこの報告書を議論の俎上《そじょう》に載せませんでした。彼としてはきわめて人間的な葛藤の末の苦渋の選択として、報告書を無視したのです。

戦争に最も深く関わりながら、実際には戦争からひどく遠くにいた人、それがオッペンハイマーかもしれません。彼はラジオニュースによってたくさんの同朋《どうほう》がアウシュビッツで虐殺されていることを知り激怒しましたが、それを見たわけではありません。彼はロスアラモスの砂漠の過酷な労働条件のなか、ひたすら原爆開発に没頭しました。多くのアクシデントを乗り越えて科学的に目的を遂行した彼は、きわめて真面目で誠実な人物であるに違いありません。

一九四五年七月十六日、トリニティ……史上初の核実験が成功しました。

まだ明けやらぬ砂漠を照らす閃光《せんこう》、静寂を突き破る爆風。科学者たちの歓声のなか、闇を支配する第二の太陽が地球に降臨しました。

その時、オッペンハイマーの脳裏にバガヴァッド・ギーターの一節がよぎります。

「われは死なり。多くの世界の破壊者なり」

この成功は神が与えた福音でした。

おまえは正しきことをした、と三位なる神は彼に核を与えたのでありましょうか。

■ヒロシマとナガサキへ無警告原爆投下

核兵器が民間人を狙う。しかも無警告で。

この原爆投下計画の成り行きに苛立ったシラードは、近視眼的になっているロスアラモスの科学者に揺さぶりをかけることを思いつきます。無警告の原爆投下に反対する科学者の嘆願書を制作します。それをロスアラモスの研究者たちに見せれば彼らも反対の声を上げるかもしれないと考えました。

そこで嘆願書を、後に水爆の父と呼ばれるエドワード・テラーに託します。しかし、テラーはそれを回覧させるかどうか、オッペンハイマーに相談するのです。オッペンハイマーはこう答えます。

「科学者が政治的な発言力をもつのはどうかと思うね」

それで、テラーは研究所内の科学者に回覧するのをやめてしまいました。

それでもシラードは諦めませんでした。

彼が、原爆製造の一端に関わったことにどのような責任を感じて行動していたのかはわかりません。とにかく「無警告による原爆投下」だけは食い止めたいと考えたシラードは、ついにトルーマン大統領への直訴を断行します。これが最後の手段でした。

死にもの狂いで奔走し、シカゴの六十七人の科学者の署名を集めます。戦時下における大統領への嘆願書、しかも核兵器の使用に関する意見です。誰にとっても勇気のいる行動でした。でも、マンハッタン計画の指揮官であったグローヴズ将軍はこの決死の嘆願書の回覧を妨害したのです。原爆製造を成功させることが彼の軍人としての任務だったからです。将軍は大統領にこの嘆願書を見せたくはなかったし、見せる必要もないと思っていました。だから、当然のことながら、大統領が嘆願書を見ることはなかったのです。


その頃、日本軍はすでに壊滅状態でした。

日本の敗戦は明らかでした。B29による絨毯《じゅうたん》爆撃によって各都市は瓦礫《がれき》となり、兵士だけではなく、女も子どもも老人もたくさんの国民が命を失いました。それでも軍部はまだ国民に嘘《うそ》をつき通していました。日本は勝っているぞ。日本の勝利は間近だ。日本には無条件降伏の道しかありませんでしたが、日本軍がそれを拒否したのは、無条件降伏となれば民主化によって天皇制が廃止されると思ったからです。日本に無条件降伏を求めるポツダム宣言のなかに、天皇制の存続を認めるという内容が含まれていなかったのです。日本軍は天皇を守るために降伏できなかった。もし、天皇制を存続することを条件としての降伏、という話し合いが行われていたならば、原爆投下は回避できたかもしれない。もちろん、仮定でしかありませんが……。

軍首脳部は著しい機能低下に陥っており冷静な判断で行動できる者はほとんどいませんでしたし、いたとしても足の引っ張り合いによって妨害されるのがおちでした。日本全体が極度の視野狭さく、ヒステリー状態にあり、もう破滅に向かって突き進むしかありませんでした。

一九四五年八月六日午前八時十五分。

米軍機エノラ・ゲイはテニアン基地を発し東北方向から広島上空に飛来しました。エノラ・ゲイの機名は機長であるポール・ティベッツ氏の母親の名前から命名されました。副機長のロバート・ルイスは、この悲劇的な任務を遂行しなければならない戦闘機に母親の名をつけることに関して、ひどく違和感をもったそうです。

優しい母は上空九六〇〇メートルから卵を落としました。オッペンハイマー他、多くの亡命科学者たちが心血を注いで温めた卵です。四十三秒の間、卵は真っ青な空を降下し広島上空五八〇メートルで炸裂《さくれつ》。大地を揺るがす大きな産声を上げました。激しい核分裂の連鎖が起こり、美しい虹色の光がめくるめく輪を広げながら幾重にも現われ空を覆いました。シラードのビジョン。エネルギーの解放。聖なる三位一体。爆発点の温度摂氏百万度超。圧力数十万気圧。爆心地から五〇〇メートル圏内で被ばく者の九〇・四パーセントが即死。

同年、八月九日には長崎市にも原爆が投下されました。広島に落とされた原爆はウランを原料とする原爆でしたが、長崎に落とされたのはプルトニウムを原料とする原爆でした。こちらは広島の原爆よりもさらに強力な爆発威力をもっていました。爆心地から五〇〇メートルの場所にあった旧浦上天主堂は爆風で吹き飛び、聖人やマリア像も破壊され瓦礫となりました。

事実だけを述べるなら、広島と長崎は、原爆が落とされたという事をのぞけば、ごくありきたりな地方都市でしょう。原爆によって広島から国際平和文化都市ヒロシマになった。ナガサキもしかりです。マンハッタン計画に参加していた科学者や軍人たちが、十七の候補地のなかから選んだ二つの都市。それがヒロシマとナガサキでした。そこに誰が住んで、どんな生活が営まれているかは関係ありませんでした。たとえどれほどの人が死のうと、原爆を使用しなかった時のほうがたくさんの人が死ぬ可能性がある……と考えられていたのだから。きわめて人道的見地から見て、被害を最小限に抑えるために必要という判断が優先されて、原爆は投下されました。

以降、この二つの都市はカタカナで表記されるようになりました。

ではヒロシマとは、ナガサキとはなんでしょうか。どのような記号なのか。なんの象徴なのか。トリニティが生んだ核によって「壊れ、吹き飛ばされ、焼かれて、新しく生まれ変わった」場所なのでしょうか。

一九四五年八月七日付けニューヨーク・タイムズ紙に載ったトルーマン大統領の声明。
「われわれは、歴史における最大の科学的な賭《か》けに二十億ドル使った。そして、勝った」

ロスアラモスの科学者たちが、自分たちの作りあげた原爆の破壊力、生物殺傷力についての報告を受けるのは、原爆投下から一か月が経過した頃でした。その報告を彼らがどう受けとめたのか、それは個々に違うでしょう。どちらかといえば、実験中に誤って臨界事故を起こし、被ばくによって殉職した同僚の死のほうが、彼らにとっては不吉でショックだったかもしれません。

一九四五年ロスアラモスの弱冠二十六歳の科学者ハリー・ダグランが実験に使用していた崩壊物質が、ほんのわずかな時間でしたが臨界に達してしまいました。彼は右手に被ばくし、皮膚を通して体内にまで透過したガンマ線によって、内臓は機能低下し白血球が減少。二十八日後には急性放射線障害によって死亡します。身近で体験した同僚の死が、日本で被ばくした数十万の人々と重なっていったとき、彼らに本当の恐怖が襲ってきたのでした。

後にオッペンハイマーはフランク委員会の報告書を支持しなかったことを「後悔している」と語りました。一九六〇年に一度だけ来日していますが、原爆に関して注目すべきコメントは残していません。

彼は戦時下において母国のために忠実に任務を果たしたにすぎないのです。他の多くの軍人たちと同じように。

もともと、ヒトラーが核兵器を行使するのを阻止しようとする科学者の行動が引きがねとなって、ねじれていった運命の糸でした。もし、科学者たちが一斉に自分たちの研究成果の公表を止めていたら、原爆製造は阻止できたかもしれません。ルーズベルトが生きていたら？　トルーマンが嘆願書を読んでいたら……。どれも仮定にすぎません。ひとつひとつの小さな出来事が、少しずつ積み重なって原爆は広島と長崎で炸裂したのです。

原爆を落とされた広島と長崎で被ばくした人たちが、どのような苦痛を味わい、悪夢のうちに多くの方が亡くなられたのか、私たちは繰り返し繰り返し、教えられてきました。そしてその記憶を伝承し、核兵器の恐ろしさを後世まで伝えていかなければいけない。それが世界で唯一の被爆国である日本の義務であると諭されてきました。たくさんの被ばくされた方々の体験を読みました。それは壮絶なものでした。

広島、長崎を訪れた人なら誰でも「核兵器は恐ろしい。核はなくさなければいけない」と思うのではないでしょうか。

日本人は、本当に原爆を落とされてショックだったと思います。

戦後に生まれた私でもショックなのですから、当時の方たちの衝撃、怒り、嘆き、悲しみはいかほどのものだったでしょうか。

それなのに、なぜ日本は戦後に、わりあいとすんなりと原子力を受け入れたのでしょうか。今ですら核兵器への怒りが強い私たちが、どうしてアメリカの核技術を、いかに平和利用という名目であっても受け入れ、それを日本中に建設してきたのでしょうか。

広島、長崎に原爆投下されたときの怒り、悲しみは、どうなってしまったのでしょうか？

第二次世界大戦が終わってからの、日本と原子力の問題について考えてみたいと思います。

第3章

核兵器に苦しんだ日本は、なぜ原子力を受け入れたのか？

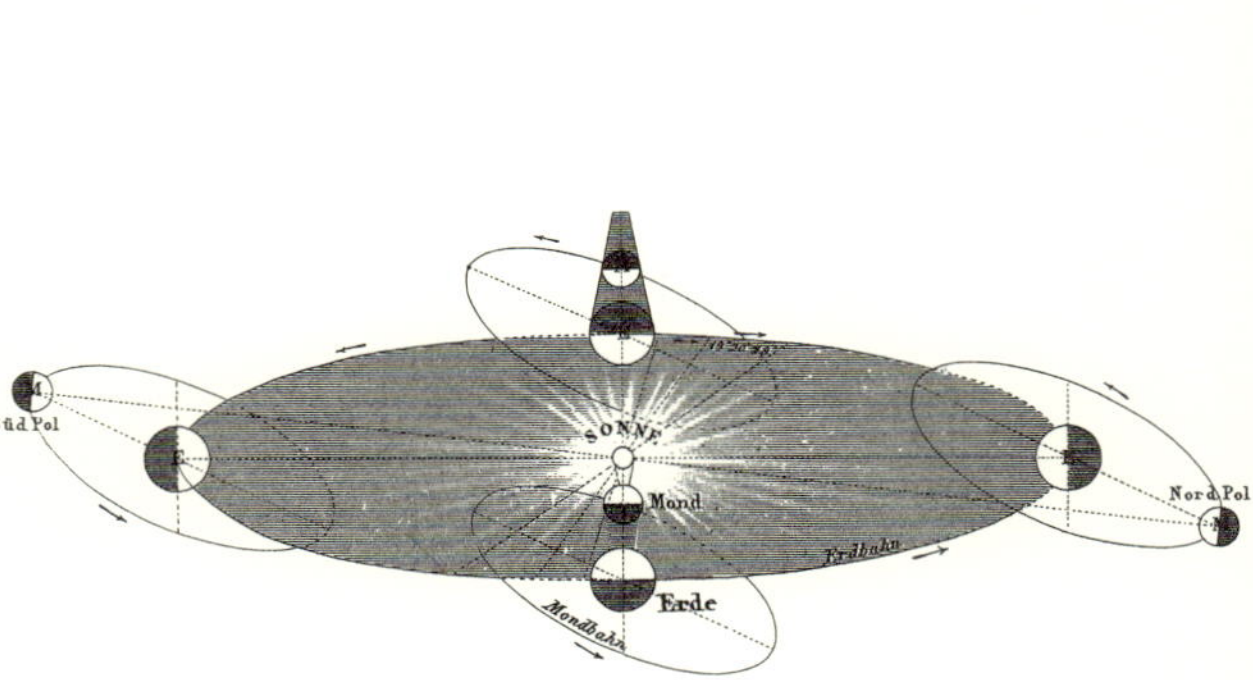

■資本主義がめざした社会、社会主義がめざした社会

原子力は世界中の科学者たちのネットワークによって生み出され、アメリカ合衆国によって育てられ、日本においてその威力が証明されました。

アメリカが秘密裏に原子爆弾の製造をしていることを、ソ連は戦時中から察知していました。核開発で遅れをとっていたソ連は、一九五三年に水素爆弾の実験成功により、ついにアメリカをリードしました。それを知ったアメリカは焦ります。そして、同じ年の十二月に全世界にこう提案します。

「国際原子力機関をつくり、各国がもっている核燃料を管理しよう、そして核物質を平和目的として共同で使う方法を考えていこう」

でも、平和利用を呼びかける一方で、北大西洋条約機構の同盟国に核兵器を配備し、西側諸国を核武装していったのです。そんなアメリカの二枚舌外交を、ソ連側は激しく非難しました。

いよいよ、米ソの熾烈《しれつ》な核をめぐる宣伝合戦が始まりました。アメリカは「核の平和利用を推進している」というPR活動を全世界に展開します。いくら平和利用と言っても、原子力発電の構造は原爆と同じです。安易に利益の手段とするよりも、もっと原子力の使用について制約を与える国際協定を作るべきでしたし、そういう声も科学者から上がりましたが、その声は核開発競争へと向かう流れのなかで封殺されました。

表面的には核の平和利用という名目で軍縮を唱えつつ、裏では核燃料の確保や核兵器実験を続けていく。まるで地球の陣取り合戦です。そのよじれた構造は米ソ両国の核兵器への恐怖をさらに強める結果となり、核のスパイラルに入ってしまったのです。

アメリカは核の平和利用を、特に日本で推し進めようとしました。日本を核武装の極東拠点としたかったのです。そしてアメリカの強い後押しがあって、日本も原子力エネルギーの使用を国策としたのです。核の恐怖を最も知っている国であったにもかかわらず、戦後の日本はどんどん原発大国となっていきました。

原爆を落とされた被爆国である日本が、平和利用といえども原子力に踏みだす時には、国民から強いアレルギー的な反応が出ても良さそうなものだったと思います。もちろん反対意見もありましたが、経済のさらなる発展のために原発事業が推進されてきたのです。

いったい、それはなぜでしょうか？

なぜ日本は核への怒りから転じて、原発推進の国へと変わってしまったのでしょう。

一九五四年三月一日。対ソ戦略に燃えるアメリカがビキニ環礁で行った水爆実験において、付近を操業中だった日本の第五福竜丸の乗組員の方たちが被ばくしました。アメリカはこの水爆実験を秘密で行いたかったのですが、水爆の威力がアメリカの予想を遥《はる》かに超える「想定外」の規模だったために、安全区域にいたはずのおよそ二万人もの人々が被ばくしてしまったのです。

この時、第五福竜丸は危険水域に指定された地区外で操業していました。乗組員の頭上に死の灰が降り注いできましたが、なにが起こっているのかわからない被災者たちは、身を守る術《すべ》もありませんでした。いち早く異変に気がついた無線長の機転によって、なんとか無事に静岡県の焼津港に帰港しますが、全員が被ばくしました。

この事件は日本における核の問題を考える上でたいへんに重要な事件といえます。なぜなら、日本に住む私たちがイデオロギー（主義）の対立の構図のなかで核の問題を「考えさせられてしまう」きっかけでもあったからです。これはとても複雑な問題ですが、整理して考えてみたいと思います。

第二次世界大戦後、世界は冷戦の時代に入りました。アメリカとソ連の二つの超大国はそれぞれに主義が違いました。アメリカは資本主義・自由主義です。ソ連は社会主義・共産主義でした。

日本は資本主義・自由主義の国ですが、中国は共産主義・社会主義の国です。そしてお隣の朝鮮半島は、北緯三十八度線で南がアメリカ陣営となり、北はソ連陣営となりました。かつてのドイツもそうです。資本主義の西ドイツと、共産主義の東ドイツに分割されたのです。もし、米ソの領土分割がもめて、ソ連が強く日本の領土を主張していたら、北関東以北が共産圏になり、日本も南北に分割されていた……などということもあったかもしれません。あくまで仮定ですが。

ではこの二つの主義はどう違うのでしょうか。

まず、現在、私たちが慣れ親しんでいる「資本主義」とは、どんなふうにして誕生してきたかについておさらいをしてみます。

資本主義が登場する以前も、商業は存在し、盛んな経済活動が世界各地で行われていました。中国は二千年も前から運河を使って交易をしていましたし、アラブでも商人たちが活躍していました。でも、商業が盛んだからといって資本主義経済にはなりませんでした。つまり、国の成り立ちが経済活動の方法によって規定されるということはありませんでした。日本の経済史学者の大塚久雄さんはこのような資本を「前期的資本」と呼び、「近代資本主義」と区別しています。そして、前期的資本が近代資本主義になるためには「資本主義の精神」が不可欠と結論するのです。

資本主義の成立に精神（スピリット）が必要だなんて、考えたこともありませんでしたので、私はこれを知った時はとても驚きました。以下に、社会科学者の小室直樹さんの『経済学をめぐる巨匠たち』（ダイヤモンド社）を私なりにまとめながら説明します。

一般的には資本主義は、産業革命以降から起こったとされていますが、ドイツの社会学者であるマックス・ヴェーバーは資本主義の条件について考察します。その条件とは、以下のものです。

1 労働そのものを目的とし、救済の手段として尊重する精神
2 目的合理的な精神
3 利子・利潤を倫理的に正当化する精神

ヴェーバーは『プロテスタンティズムの倫理と資本主義の精神』という著書のなかで、近代資本主義は、宗教改革を起こしたプロテスタントの《行動的禁欲》という厳格な宗教的規範を土壌にして生まれたのだと述べます。お金や昇進のためではなく、働くこと自体に価値を見出し、喜びを感じる精神——資本主義が発達するためには《徹底的に利潤追求（いわゆるお金儲《もう》け）を否定する考え方が、〈公然と支配する地域であること〉》が必要で、中国のようにお金儲けに対して倫理的な規制がなかった地域では資本主義は生

まれないと言うわけです。

十六世紀に起こった宗教改革は、腐敗した中世の教会を批判したマルティン・ルターが聖書をとことん研究し、聖書の教えにのっとって本来のキリスト教に戻ろうとする運動でした。その後、ジャン・カルヴァンがルターの聖書解釈をさらに過激に推し進め「二重予定説」を説いて教会改革を指導していきました。この「救済される者は神によって予《あらかじ》め決められている」予定説が人々に与えた心理的影響ははかりしれないとヴェーバーは分析します。

この予定説は、無宗教の私にはとても理解しがたいものでした。なにしろ、どんなに善行を積んだところで死後に救済されるかどうかは、生まれる前から神様が決めているという教えなのです。今生でどんなに教会に寄進しようが、不幸な人たちのために尽力しようが、そんな現世的な行為は救済には全く関係ない。そもそも人間の行動に全知全能にしてこの世界の法則を創った神が左右されるはずがない。キリスト教の神はあらゆることを超越しています。超越しているからこそ神なのです。

当時、この「予定説」はヨーロッパに熱狂的に広まり、人々は信仰のよりどころを聖書にのみ求めて、質素で勤勉で禁欲的な生活をするようになります。聖書に示された生き方をまっとうすることこそ、救済の証《あかし》であると思われたからです。

小室さんによれば、それまでキリスト教徒にとってお金は「必要な分だけあればいい」もので、隣人愛より利子・利潤を優先させる行為は罪深い貪欲とされていました。ですから、彼らは中世まであまり勤勉ではなかったのです。ですが、予定説が流行したために、労働そのものを救済の手段として尊重するようになり、自分の職業を「天職」としていそしみ、適正な対価を得ることが正当化されたのです。同時に隣人に必要なものを分け与えることも隣人愛の証とされ、暴利をむさぼることのない抑制された商業活動が行われるようになり、それによって資本主義が生まれたというのです。

今では充分に資本主義が発達し、人々はより高い地位や所得のために働き、富によって獲得した権力で欲望の追求を目指すようになっていきました。ヴェーバーの言う資本主義の精神からはどんどん離れていってしまったわけです。でも、資本主義は資本主義の精神のないところからは生まれてこない、そして資本主義の精神とは、なんと、「お金儲けの否定」だったのです。

資本主義と民主主義は宗教改革によるプロテスタントの発生という特殊な歴史背景のなかで受精されます。いわゆるエートス（倫理的な心的態度）の変換が起こったからです。神の前では皆が平等という宗教概念は民主主義の基礎となっていきました。もちろん誰も意識していません。人間の営みが時間をかけてつくり出したものです。

一六四二〜六〇年のイギリスで起こったピューリタン革命のあと、産業革命が起こり、近代資本主義の夜明けが始まります。

そこにアダム・スミスという人が登場して「大丈夫。個人に経済活動をさせて、自由放任していれば、神の見えざる手によって、最大多数の最大幸福が達成されるよ」と説いたのでした。国家が経済に介入すると国民は幸せになれない。それぞれに自由に商売をしていればちゃんと適正な価格になって市場は安定する。これは現在では古典派経済学と呼ばれている考え方です。

ところが、一九二九年に「大恐慌」が起こります。この世界的大不況は、現在の日本の不況などとても比べ物にならないくらいの大変な不況で、銀行も企業もどんどん潰れ、失業者が溢《あふ》れ、不況を通り越してまさに「恐慌」だったのでした。それでも、放任しておけばそのうちに自己回復し、次第に市場が安定すると考えられていた時代ですから、なかなか国家が経済に介入しませんでした。そこにジョン・メイナード・ケインズという人が登場して「公共事業をしないと不況から脱せない」と言い、アメリカのニューディール政策が始まるのです。

そしてもう一人、十九世紀後半にこの古典派経済学の楽観的な発想を批判したのがカール・マルクスという人でした。マルクスは経済学において独自の思索を重ね、後世に多大な影響を与えました。彼は、市場のシステムは絶対的に信頼できるものではないし、経済をほうっておいて常にうまくいくわけではない、それどころか、古典派経済学の考え方はものすごい矛盾を孕《はら》んでおり、資本主義体制はもう病んでいて救いようがない。もし個人の自由に経済活動を放任していたならば、それは絶望的な状況を招くであろうと、悲観論を唱えました。

古典派経済学が「神の見えざる手」と市場のメカニズムを呼んだのに対して、マルクスは常に人間という視点に立っていました。そして、人間が作ったものであるにもかかわらず、その生産物（商品）がひとたび市場に出てしまったら、個人がそれをコントロールすることはできない（人間疎外）と考えるのです。それは、最近のアメリカの低所得者向け住宅ローン（サブプライムローン）の破綻に端を発する世界不況を見てもよくわかります。人間によって起こった不況であっても、ひとたび不況に陥ったら人間の力で不況を好況に変えることはできない。それは自然現象のようなものであると述べました。

たとえば、雨が降る日は天気予報に従って傘をもって外出するように、経済の法則性を発見することによって、うまいこと人間が経済をコントロールしなければいけないのだ、と考えたのです。マルクスは、個人が自由にお金儲けを行うことを放任する古典的な資本主義を否定しました。そして、資本主義はあくまで過程であり、貧富の差による闘争や恐慌を経て、最後には革命が起こり共産主義に移行するであろう、と説いたのです。マルクスが提示した、資本主義の先にある理想的な共産主義社会は多くの人に影響を与えました。

最初に革命によって社会主義国家になったのはソ連です。一九一七年、ウラジミール・イリイチ・レーニンという人が理想とする共産主義社会を目指し、マルクス・レーニン主義を唱えて革命を指導しました。それから、さまざまな社会主義思想が生まれていきました。社会主義と言っても一つではありません。マルクス主義から始まって、マルクス・レーニン主義、スターリン主義、毛沢東主義、多くの革命家によって独自の社会主義が模索されていきました。それは常に、資本主義に対抗する形で起こってきました。

資本主義のほうも一つではありません。先に説明しましたように、資本主義とは「資本主義になるぞ！」と誰かが始めたわけではなく、宗教改革以降のキリスト教徒を中心とした経済活動のあり方と社会体制を、後に研究、分析することによって後づけで命名されたものです。そして、北欧などの福祉国家型資本主義や、かつての日本のような企業が終身雇用や福祉の提供をするような大企業型資本主義など、それぞれの地域に添った形で分化し形成されていったのです。

第二次世界大戦後、東西冷戦の時代には、アメリカとソ連という二大超大国の覇権争いによって世界が資本主義体制と社会主義体制というように、単純に二分されてしまいました。アメリカとソ連は、対立する国のそれぞれの陣営を支援したために、各地で紛争が起こりました。こうして、米ソの対立が激しくなると、核兵器は覇権争いの切り札として使われるようになっていきました。相手の国が核実験をすれば、こちらも……というように、核兵器をもつことによってお互いを牽制《けんせい》しあい、その緊張状態を維持することで戦争を避ける……というような、核の抑止力を利用した冷たい戦争の時代に入りました。そのため米ソは競い合うように核実験を繰り返し、冷戦期には両国合わせて二千回に及ぶ核実験が行われました。

アメリカにとって脅威だったのは、ソ連が予想よりもずっと早く核開発を進めたことです。アメリカはどの国よりも核兵器の破壊力を知っていました。だからこそ、どこの国よりも核を恐れたのです。

■ 反核から原子力導入へ、突然の転回

アメリカがマーシャル諸島近海において行った「ブラボー」の核実験はキャッスル作戦と呼ばれる水素爆弾の実験でした。水爆はハンガリー生まれのユダヤ人物理学者、エドワード・テラーによって開発されました。実際にテラーは水爆を「私の赤ちゃん」と呼んでいました。水爆は核分裂だけでなく核融合を使った原爆以上の破壊力をもった兵器で、テラーは生涯をかけて核兵器の開発を続けました。

水爆実験に使われた島は一瞬にして消滅し、飛散した放射性降下物によって、第五福竜丸の船員二十三名が全員被ばくしたほか、付近を操業していた他の日本漁船も死の灰を浴びました。アメリカの核実験史上、最も多くの被ばく者を出した最悪の実験でした。

この第五福竜丸の被ばくから、およそ一年と三か月後に、日本は「日米原子力協定」をワシントンで仮調印しました。つまり、原子力の平和利用に向けて第一歩を踏みだしたのです。

これはどう考えても納得のいかないことではないでしょうか。

なぜなら日本は、一九四五年に広島と長崎に原爆を落とされて無条件降伏をしました。

そのわずか九年後の、一九五四年にはビキニ環礁で第五福竜丸が被ばくしたのです。この時、日本には当然、反核の声が上がりました。怒りの声です。さらに、放射能汚染によってパニックが起こりました。マグロから放射性物質が検出されたからです。

それなのに、事故からわずか一年三か月しか経《た》っていないのに、政府はアメリカと原子力の平和利用推進を決定しているのです。

日本人は、そんなに心がおおらかなのでしょうか？　それほど恨みや憎しみを水に流せる民族なのでしょうか。原爆の記憶を絶対に忘れないようにと教育されてきた一九五九年生まれの私には、この歴史的な経緯は信じられないことでした。

第五福竜丸が被ばくして焼津港に戻ったとき、ほんとうに日本の世論は「原爆反対、核反対」だったのです。それは、当然でしょう。一般の人たちは「もうたくさんだ」「アメリカは反省していない」と怒り、アメリカに対して悪い感情をもっていました。さらに被ばくした久保山愛吉無線長が「被ばくによる犠牲者は私を最後にしてほしい」という遺言を残し、被ばくから半年後に四十歳の若さで亡くなったことは、人々の反

米・反核の思いに火をつけました。

そのとき、反米を唱える（社会主義・共産主義の）人たちは、日本が共産主義に変わるチャンスだと考えて、猛烈に反米、反核運動を展開しました。一九五五年に広島で開かれた第一回原水爆禁止世界大会では、三千万以上もの反対署名を集めました。まだ、敗戦のダメージから経済復興の途上だった日本は貧しく、社会に不満を抱える人もたくさんいたのです。アメリカに対する反感から資本主義を嫌う人もいたでしょう。日本はまだ揺れていたのです。

しかし、アメリカ側は、アジアにおいてアメリカの重要戦略拠点と考えていた日本で反米感情が起こることはとても怖かったと思います。日本の位置を見てもわかるように、日本は極東の島国で陸続きではない。軍事拠点として非常に使い勝手がよいのです。ですから、日本の資本主義・民主主義はアメリカ側にとって絶対に死守すべきことでした。また、核実験を続ける上で、被爆国日本が世界に反核を訴えるのはアメリカにとってとても都合の悪いことでありました。

アメリカ側は、原爆を落とされた日本人がアメリカに対して強い怒りをもっていることは充分にわかっていました。その怒りが、第五福竜丸の事件で噴出し、民意が共産化に傾くことを恐れたアメリカは、日本のメディアを巻き込んだ大情報操作を行うのです。日本の政府や経済人もまた、資本主義・民主主義を堅持してアメリカの同盟国でいたかったのです。東西の対立と言われるなかで地理的には東側に位置する日本が資本主義・民主主義のアメリカ側についたのは、アメリカに無条件降伏し占領されたからです。でも、戦後に軍国主義から解放された多くの日本人は、自由な経済活動を行い、アメリカのようにもっと豊かになりたいと望んでいたと思います。

ですから、当時の日本の経済人たちが「産業を発達させるには新しいエネルギーが必要だし、アメリカとの良好な関係を保たなければいけない」と考えたことは当然でしょう。国家の利益。それがほんとうに国民の利益に通じるのかどうかはわかりません。でも、戦後はなにより国益というものを優先して政治は行われてきました。敗戦によって衰えた国土を復興し、経済を発展させ、皆が豊かになるためには、どうしても超大国アメリカの力が必要だったのです。

この頃、ソ連ではアメリカに先んじて商業用の原子力発電所を完成させ、各国に「原子力を平和利用するなら技術援助をしてあげるよ」と表明しました。焦ったアメリカは、西側の友好国に対して「アメリカと協定を結べば濃縮ウランの技術を教えてあげるよ」と、なんとかアメリカ陣営に押しとどめようと核外交を繰り広げました。もちろん、日本にもこの交渉をもちかけてきました。

でも、この時期、日本は第五福竜丸の被ばく直後で核に対してたいへん否定的でした。そこでアメリカ側は、なんとか、第五福竜丸の事件を和解金でもって決着させ、原子力協定の交渉に入りたいと考えたのです。

一九五五年、アメリカ政府は「アメリカは法的責任は一切とらない」ことを条件に二百万ドルで第五福竜丸被ばく事件を政治決着させました。その一週間後には日本に対して濃縮ウランの受け入れを打診してきたのです。でも、このことを外務省は国民には秘密にしましたが、新聞によって明るみに出てしまうのです。国民は政府の対応に怒りました。「アメリカの核ブロックのなかに組み込まれるなどごめんだ」と反発します。状況はアメリカにとって不利でした。

ソ連のほうはソ連で、東欧諸国と技術支援の約束をして、核のカーテンを張り巡らせました。この頃、世界がどれほど核の恐怖を感じていたか、たぶん現代の私たちには想像できないと思います。

この時、読売新聞の社主が、原子力平和利用を推進することを公約にして、いきなり衆議院議員選挙に出馬し当選するのです。

日本の原子力発電所導入に大きくかかわったのは、この正力松太郎さんという政治家でした。

『原発・正力・CIA――機密文章で読む昭和裏面史』（新潮社）によると、後に、正力さんがアメリカ中央情報局の意向を受けて情報操作に加担していたことが明らかにされました。戦後の日本を共産化させることなく、アメリカにとって有利な政局や状況を作るために利用されていたのです。いえ、一方的に利用されたというよりも、お互いにとっての利害が一致していたのだと思います。

正力さんは東京帝国大学を卒業後、警視庁に入庁します。しかし、虎ノ門事件という、昭和天皇（当時は皇太子）の狙撃未遂事件の責任を取り懲戒免官となり、その後に読売新聞を買収して社主となります。とても謎の多い波乱に富んだ人生を送る方です。戦前は大政翼賛会の総務を務め、終戦後はA級戦犯として巣鴨刑務所に拘置されますが不起訴となり釈放。その後、日本で初めて民営のテレビ局を作りました。いわゆる戦後のメディア王として君臨した後に、衆議院議員選挙に出馬して国会議員になり、原子力委員会の初代委員長に就任します。

正力さんは、第五福竜丸が水爆実験によって被ばくしたとき、日本が一気に反米に傾くことを危惧しました。アメリカと仲良くしなければ経済的な繁栄はありえないと考えたのです。それはたぶん正しい判断だったと思います。もし、日本が旧ソ連のような社会主義国になっていたら、私も今とは全く別の生活を送っていると思います。かなり厳しい生活を強いられているのではないでしょうか。日本の経済成長が軌道にのったのは、隣国で朝鮮戦争が勃発し、朝鮮半島に戦争に赴くアメリカ軍に物資を提供した朝鮮特需のおかげであることを考えても、アメリカとの関係がいかに日本の発展に影響してきたかがわかるでしょう。

世論が一斉に反米・反核に傾いた時、正力さんを通じて日米共同のある策が練られました。それは、日本人の強い核に対するアレルギーを、原子力の平和利用を打ち出すことで一八〇度「転換」してしまおうという大胆な計画でした。

国会議員になった正力さんは、その人脈を駆使して原子力平和利用懇談会を組織します。同時に新聞とテレビの力を最大限に利用して、原子力の平和利用を国民に訴えました。エネルギー資源のない日本がもっと経済成長するためには、高価な石油に頼らない独自のエネルギーが必要だとして、日本政府の後ろ盾のもとに大キャンペーンを展開します。

何度も、繰り返し、新聞で原子力の必要性を訴え続けます。同時に、原子力に反対している著名人、学者の思想の傾向を調べ、さまざまな方法で、反米の人たちにプレッシャーを加えました。いわゆるパワーハラスメントがかなり公然と行われたのです。正力さんは、かつて警察官僚だった時代にも社会主義者の取り締まりを指揮していました。それがアメリカ側に評価されていたのかもしれません。強引な手法と巧みな操作で、反核運動と社会主義を結びつけて、反核・反米の声を封殺していったのです。

■安全が神話になるとき

一九五五年の五月八日、アメリカから「原子力平和使節団」なるものが来日しました。ノーベル賞受賞学者が日比谷公会堂で原子力に関する講演を行いました。それが街頭テレビ、ラジオや新聞で大々的に報道されました。アメリカ側の使節団もPR映像を作り、いかに原子力がクリーンで安全なエネルギーであるかをわかりやすく宣伝しました。この官民米が一体となった「原子力平和利用の推進キャンペーン」によって、「原子力反対」の世論はみるみる小さくなっていったのです。

激しい核アレルギーが、一転して、原子力平和利用万歳、という世論に、わずか一年でひっくり返ったことを、私たちはよく知っておかなければいけないと思います。日本が復興し豊かな時代に生まれ育った私には想像できませんが、当時、日本はまだ本当に貧しかったのです。そして多くの人が、もっと良い生活がしたい、戦争はもういやだ、豊かな生活を楽しみたい、自由でいたいと思ったのです。戦争を生き抜いた私の父や母もそう言っていました。確かに、広島と長崎に原爆を落とされたことは悔しい、どのような怒りをもってしてても足りない、つらい出来事でした。しかし、人間はいつまでも過去の苦しみにばかり囚《とら》われてはいたくないのです。

当時のアメリカの豊かさは日本と比べたら天国と地獄のようでした。戦後の日本人は、アメリカのように豊かに自分たちがなれるなんて信じられなかったと思います。そのアメリカからたくさんの学者がやってきて「未来のエネルギー」を宣伝し、新聞やテレビまでもが、原子力があれば明るい未来が待っている……と国民に訴えたのです。

誰だって、未来を向いて、希望をもって生きていきたいのです。どん底の生活をしていればなおさらです。当時の人たちもきっとそうだったのでしょう。だから、原子力の平和利用と明るい未来に夢を託したのです。エネルギーは必要でした。日本には資源がありません。核への恐怖と反発が、平和と安全という言葉によってくるりと反転しました。貧しかったからよけいに、希望のほうへ逃げたかったのかもしれません。そして、原子力に反対する人たちに反米というレッテルを貼って、民主的ならざる方法で社会的な圧力を加えていきました。こうしてイデオロギーの対立の構造を作ったことで、多くの人たちの間に原発に反対すると不利益、社会主義者と見なされるかもしれない……という暗黙の悪印象が刷り込まれました。もちろん社会主義者側からは猛然と反発があり、その反発から反核運動はさらに過激になりましたが、逆に過激すぎて一般の人たちはついていけなくもなりました。

人々は安全という言葉を鵜呑《うの》みにすることで思考を止め、原発の導入に積極的な反対をしなかったのです。反対をしているのは反体制の人たちだけで、彼らの思想的な雰囲気を市井の人たちは敬遠しました。そういう曖昧なムードのなか、一方的なアメリカ側の「きれいで安全」という説明だけが一人歩きしていき、それに対して反対派と推進派はただイデオロギー的に対立するだけ。冷静な議論の場が生まれませんでした。

原子力の安全性の問題を議論しようとしても、それを発言すると「オマエは反対なのだな、じゃあ反米だ」というふうに、レッテルを貼られてしまうのです。また「原子力の安全運用」と言うとそれだけで「運用する？　おまえは推進派か？」となってしまうのです。それは正義の名目で行われる言論封殺であり、このような無意味なレッテル貼りが定着したことによって、日本では安全の議論が行われないままに原子力は素晴らしい……という見せかけの言葉だけが一人歩きしていきました。

また、新聞は日本の知識人に絶大に支持されていましたから、その新聞と政府が推進する原子力政策に関して、異論を唱えるのはとても勇気が必要だったと思います。

当時の読売新聞には「明日では遅すぎる原子力平和利用」「謎も不安もない」「野獣も飼いならせば家畜」という見出しが躍りました。

いまこの見出しを読むと、あ然とします。

こんなふうにして、わずか一年ちょっとで反核の世論が鎮まり、原子力はあっという間に日本に導入されましたから「平和で安全」でなければ困るのです。政府は「絶対に安全」というアメリカの使節団の言説を支持したのですから、もし安全でなければ国民を欺いたことになります。新聞もそうです。それゆえ、危険性の検証はされにくくなりました。危険など検証してはいけないのです。百パーセント安全なのですから。

もちろん、日本にもたらされた原子力技術が実用化するまでには、十年以上の時間が必要でした。原発は、田中角栄さんという政治家が「日本列島改造論」を打ち出した時代に、日本中に作られました。『日本列島改造論』は本のタイトルで、一九七二年に出版されて九十万部以上を売る大ベストセラーになりました。日本列島を高速道路と新幹線で結び、地方の工業化を図るという公共事業計画を地方の人たちは歓迎しました。福島第一原発も一九七〇年代に建設されました。

その後、一九八六年にチェルノブイリ原発の事故が起こるまで、反原発運動は社会主義的な思想と常に結びつけられて、反対派と推進派は常に対立し、多くの市民からあまりかえりみられることがありませんでした。

原発の安全性に対する指摘は多数ありましたが、それを行政が真面目に検討し議論するということもほとんどありませんでした。いわんや、日本のエネルギー政策が国会で真剣に検討されることもほとんどありませんでした。

後に原子力発電所で問題が発生するたびに「おいおい、安全だって言ったじゃないか！」と国民から非難の声が上がるので、いつしか危険を公表しない隠ぺい体質ができ上がりました。

安全が前提ですから、原発で事故が起こるたびに、政府は電力会社を叱っていました。「困るじゃないか、なんとかしろ」そして、対策と称して膨大な報告書が、行政から現場に課せられ、それによって事務処理の作業量が増し、現場の作業員の方にプレッシャーがかかっていったのです。安全という神話を維持するために、どんどん危険な状況に陥っていったのです。

日本はアメリカと同盟し資本主義の国として経済成長を遂げてきました。でも、私はそのことを深く考えたことはありませんでした。私が子どもの頃はアメリカ文化が賛美されていて、それがあたりまえだと思って育ちました。自分たちは自由だと信じていました。別に今のままでよいという、とても消極的な態度で政治に接してきました。

それに、政治家たちも皆が自分勝手にイデオロギーの良いところだけつまんで、口先だけで利用しているように思えたのです。ソ連崩壊後はマニフェストを読んでも大差がなくなってきました。

政治家だけを責めるのはお門違いかもしれません。私自身も国に対して都合のいいことばかり望んでいました。自由にお金儲けをしたい。社会主義のように国が国民生活に過干渉の社会はイヤ。税金は安いほうがいい。でも、病院や学校は無料化してほしい。

老後は不安だから国には社会福祉をもっと充実させてほしい。地方自治、小さな政府と言いながら、国がきちんと国民の面倒を見るべきと思っていました。たぶん裕福な人は資本主義が好きでしょう。でも、貧乏になれば格差のない社会主義っぽい社会を望むのではないでしょうか。そして、老後になったら北欧のような福祉国家がいいなと思う……。政治は国民を映す鏡と言いますが、いま私たちは自分たちがどんな国で生きているのか、あるいは、どんな国に生きたいのか、わからなくなっているような気がします。

日本は戦後、ほんとうに貧しかった。そこから皆が必死で働いて経済を立て直してきました。そして、私が思春期の頃には「一億総中流」と言われる貧富や階級の差の少ない社会を実現したかに見えました。その頃の日本を「日本は資本主義のふりをした社会主義国」と呼ぶ人もいました。それではいけない、と自民党の政治家たちは考えて、さらに自由化をすすめ市場を開放してきました。そしてソ連崩壊後、東西の対立の時代は終わり、世界は多極化に向かっています。次の世界情勢はとても不確定です。

いま、中東では民衆による革命が次々と起こっています。中東の人々が変わりたいのは、貧しさから抜けたいがためです。勉学の機会を平等に与えられ、仕事を得て、一家が暮らしていける、そういう人間としてあたりまえの生活を望むからです。それが民主化、資本主義へのバネになります。自由に商売をして、豊かになりたい。でも、それだけでは資本主義とは言えないのです。ヴェーバーの言葉を借りれば、資本主義の精神＝お金儲けの否定……が必要なのです。なんという皮肉かと思います。

日本はすでに経済成長を成し遂げた国です。それは、日本の資本主義が成功したからでしょうか？　日本に資本主義の精神は存在したのでしょうか。

そして、ついに日本は、人口の減少と少子高齢化という黄昏《たそがれ》の時期を迎えました。自殺者が年間三万人に達し、家族のつながりも、地域のつながりも切れてしまった人々が離れ離れで孤立しているような現実のなかで、自民党体制が崩れて民主党に政権が移り、変革が始まろうとしていた矢先、巨大地震、津波とともに、五回目の被ばくが起こったのでした。

いったいこれは、いかなる運命なのでしょうか……。

第4章

福島第一原発事故後をどう生きるか?

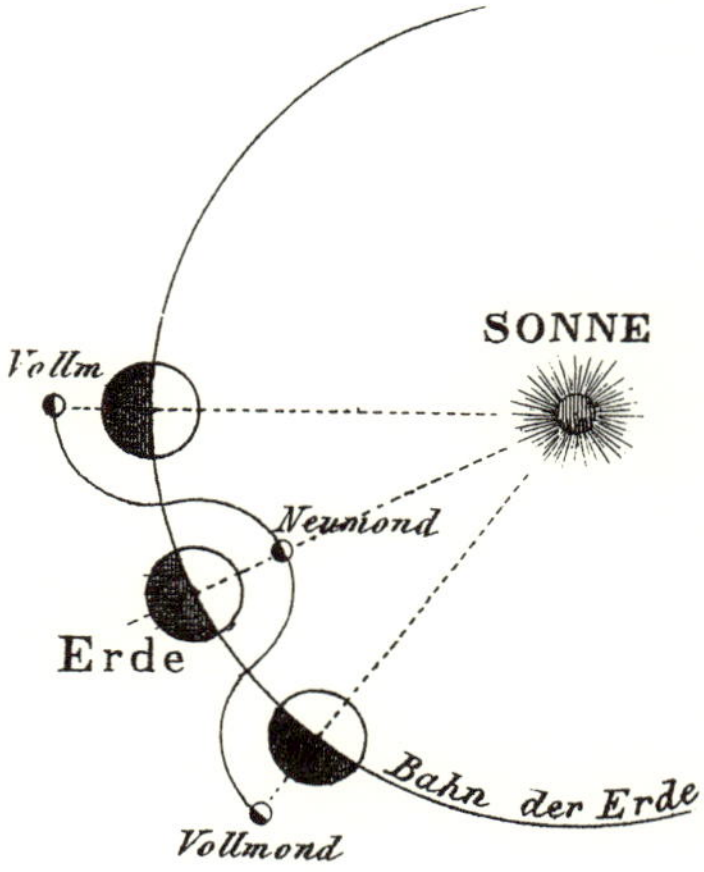

■「わからない」を超える力

二〇一一年三月十一日午後二時四十六分。

太平洋プレートのぴくんという跳ね返りによって、三陸沖を震源地としたマグニチュード九・〇の巨大地震が発生し、この地震による大津波で東北地方の太平洋岸は壊滅的な打撃を受けました。

福島県にある東京電力福島第一原発は、地震の揺れを検知して全機が非常停止しました。敷地内にある送電線の鉄塔が倒壊、地震発生から四一分後には巨大な水の塊が、一四メートルの津波となって原子力発電施設に押し寄せ、それぞれの原子炉を冷やすためのポンプや電源設備が流され、緊急炉心冷却装置の電源が喪失。冷却設備が機能不全となりました。

原子炉は停止していたものの、炉心はまだ熱をもっていました。冷却用のすべての電源を喪失した原子炉はコントロール不能の状態となり、炉心の状態を知ろうにも計測器も電源がなければ作動しません。すべての照明が落ち、機器が止まり、無人の中央制御室は闇に閉ざされました。この緊急事態に非常用装置はまったく役に立たなかったのです。

夜になると冷却機能を失った二号機の原子炉内の温度は上昇。蒸発のため水位が低下し、剝《む》きだしになった炉心は破損し、大量の放射性物質を放出し始めました。十二日未明には一号機の原子炉の圧力が上昇。原発から半径三キロ以内の住民には避難の指示が出されました。

以降、一号機、三号機、二号機と原子炉温度の上昇により爆発事故が発生。また地震時には運転休止をしていた四号機の使用済み燃料プール、さらには五号機、六号機の使用済み燃料プールも温度が上昇し始め、あたかも眠っていた原子炉内の原子が熱によって目覚めていくかのようでした。

作業員は電源回復に決死の作業を続けますが、強い放射線と瓦礫《がれき》にはばまれ、照明のない暗いなかの作業はなかなか進みません。炉心溶融を避けるために自衛隊、消防なども動員しての放水作業により冷却しましたが、今度は汚染された大量の冷却水が床にたまり、その水の排水が進まずにさらに作業は難航しました。

この原稿を書いている二〇一一年六月現在も、福島第一原発は冷却機能復旧の見通しが立たず、汚染水は海に流出。また、ベント、水素爆発、プール爆発、冷却水もれなどで飛び散った放射性物質は関東や東海までの地域を広範囲に汚染しました。いまはとにかく電源回復、そして回線をつなぎ配管を修復、冷却装置を作動させ炉心溶融を止めることに多くの作業員の方たちが必死で働いています。そして、先の見えない復旧作業に職員の方たちの疲労は極限に達しています。また、地域住民の方たちは住み慣れた土地からの避難を余儀なくされ、避難指定外の地域の方たちも、放射能の不安におびえる日々です。

当初、政府は放射能汚染の拡散は心配ない、安全だと発表しました。

それが国民をパニックに陥らせないための情報隠ぺいだったということはすぐにわかってしまいました。水素爆発が始まって建屋の外壁が飛んだときに、多量の放射性物質が空中に拡散したことは気象庁のデータで明らかでした。でもそれは公開されなかったのです。事故発生時、政府の発表を信じて事態を楽観していた私でしたが、相次いで爆発事故が発生したときには、周囲の環境への汚染が始まったと感じました。

私は五年ほど前にチェルノブイリ原発で汚染されたベラルーシの町を訪れていたのです。風下に放射性物質が飛ぶことはチェルノブイリ事故の取材を通して懸念していました。もちろん、福島原発の原子炉は運転を停止していたわけだから、放射性物質の量はチェルノブイリの事故に比べて少ないでしょう。でも、放射性物質の粒子は確実に風で飛びます。最初の爆発の時、風は東に向いて巻いていましたので、気象に詳しい友人に、風と雨によって汚染が予想される地域を分析してもらいました。その日、夜半に強い雨が降り、その雨に放射性物質が混じり、やがて、それが避難所で過ごす人たちの上に降り続けることを考えるとあまりにもむごく感じられました。そして、この先も炉心を冷やす手だてがないのであれば、さらに爆発が起こるかもしれないと思うと、危機感と同時にひどい無力感を覚えました。地震発生から三日間は居間に寝起きして、テレビとネットの情報をただ追い続けているような状態でした。

十六日に、ネット上に「小さなお子さんがいる方は、もし可能であれば子どもを春休みの間は田舎に疎開させてはいかがですか？」という記事を発表しました。この記事を書くのは正直、とても怖かったです。

当時、放出されている放射性物質の量が人体に即影響を与えるものではないと繰り返し報道されていました。でも、この先の状況が読めません。もし炉心を冷やす手だてがなかったらもっと放射性物質が出る。かと言って安易に不安を煽《あお》ればパニックを助長する恐れがあります。不安になった人たちの精神的なストレスは被ばくよりもダメージが大きい場合だってあるのです。放射性物質は小さな粒子。どこに落ちるかは気象しだい。子どもは放射線の影響を受けやすい。親として政府見解を鵜呑《うの》みにしていいのか。

「放射性物質による被ばくは、個人差があり、エビデンス（証拠・証明）も取り難い。なにを危険とするかは個人が判断するしかない」と繰り返し説明した上で、「春休みでもあるし、子どもはできるだけ安全な場所に居るに越したことはないです」というニュアンスを強調しました。それでも、書いて発表してからも自分の中ではかなり迷いと葛藤がありました。確信はありませんでした。唯一、チェルノブイリで見聞していたことが私の行動の指針でした。

いろいろ考えた末、北村正晴先生ほか、原子力関係者やマスコミ関連の友人を中心に情報交換のためのメーリングリストを立ち上げることにしました。自分の判断が正しいかどうか、複数の人に相談してから発言したいと思ったからです。ほんとうに状況がわかりませんでした。たくさんの原子力関係者に電話をかけて意見を求めましたが、原子炉内の状況に関しては皆が「わからない」と答えました。計測器の数値がなければ判断のしようもない……と。

偶然ですが、twitter は震災の五日前に止めていました。

それは正解だったと思いました。この時期に twitter で発信する気はまったく失《う》せていました。素直に恐ろしかったからです。自分の発言がどう受け取られるかわからない。慎重にしなければいけないと思いました。発言はまずメーリングリストで発表し、信頼できる複数の人間によって間違いを指摘してもらい、偏見や自分の身勝手な思いが前面に出ていないか意見を聞き、それからブログで公開するようにしました。

個人の感情などをつぶやいている場合ではない。ものを書く人間として、少しでも原子力という問題に携わっていた以上は責任ある記事を書かなければならない。文章はすべて自己責任。誰かの発言を引用した時でもあえて「文責 田口ランディ」という一文を入れました。

二年間続けたtwitterを、私はこの時、自分が情報を発信する道具として全く信頼していませんでした。かなり没頭してこのメディアを使いきった結果として私が行き着いた結論は、私にとって、このメディアは不要だ、ということでした。即効性はありますが、熟慮には向かなかったのです。

多くの友人たちから、状況を問い合わせる電話が来ました。いち早く関西方面に避難した人たちも多かったです。そういう人たちの話を聞くと、意味もなく焦りを感じました。自分は弱いなと思いました。

津波が東北地方に与えた被害は……、またたくまにテレビやインターネットの動画サイトを通して日常に流れ込んできました。それもまた情報の津波のようでありました。

破壊のすさまじさに私はテレビに釘《くぎ》づけになって、中毒患者のように見ることをやめられなくなりました。渾沌《こんとん》が日常を飲み込んでいく様はすさまじく、繰り返し繰り返し津波の映像を見ていたら、熱が出て寝込んでしまいました。自分が精神的にダメージを受けたという自覚はありませんでしたが、身体の方がまいったのです。身体は正直だ。私は自分で感じているよりもずっとショックを受けていたんだろう、そう思いました。それでも、感覚は麻痺《まひ》したままで、悲しいとかつらいとか、そういう繊細な感情が体験できません。どこかで夢を見ているみたいな感じ、あまりにも何も感じないで淡々としている自分に違和を覚え、ああ、地に足が着いていないとイライラと不安な気持ちを抱えていました。

原子力発電所の事故による放射能汚染と、津波による被災者の救援。この二つは同時に起こり、入れ子状態になって複雑化していきました。東京に住んでいる人たちの反応はほんとうにさまざまでした。

三陸海岸の被災地に救援活動に行った友人からはこんなメールが届きました。

その惨状（津波の）をみたら今の原発を東京で心配していることなど、骨折している人の前で蚊に刺されたことを心配するようなものだと思いました。一緒にいった人も同意していました。ここでの試み（原発に関する議論のこと）は意義あるものですし、それを否定しているわけではまったくありません。向こうでは原発のげの字も出ません。誰も心配の対象にすらなっていないのです。

この感想もまた現実だろう、と思いました。

被災地に入った多くの知人が同じことを書き送ってきます。被災地の惨状はひどい。これほど凄《すさ》まじいとは思わなかった。とんでもないことが起こったのだ。いま、東京で放射能汚染を恐れてペットボトルの水を買いだめすることなど、あまりにも愚かしいことだ。この光景を見たら誰もが戦慄し、この現状をなんとかしたいと思うだろう……と。

私は被災地の様子を画像を見て想像することしかできません。やはり現実感はそういう薄いでしょう。その現実感のなさが相手の怒りの対象になっているように感じて、被災地に立って発言する人たちの言葉は少しだけ痛い。それは私の心が後ろめたさを感じているからです。

惨状を目の当たりにしたときに人は、言いようのない怒りを覚えるようです。男性は特に「怒り」の口調になる方が多かったように思います。また、ありえない非日常空間と化した被災地で人は興奮もします。興奮や高揚という言葉は不謹慎かもしれないけれど、その高揚感が連帯感となり被災地の復興に繋《つな》がっていくのを、神戸の震災ボランティアの時に体験しました。劇的な状況下で自分の使命感を認識する人たちが、復興を支えていったのです。そういう使命感あふれる気持ちになっているときに、東京の様子を見るとシラけることは理解できます。放射能汚染を心配する東京人を指して「骨折している人の前で蚊に刺されたことを心配するようなものだと思いました」という表現は実に言い得て妙です。

その反面、水道水が汚染されたことを知った別の友人は、不安で夜も眠れない。コンビニにお水が売っていない。子どもに飲ませる水がない、と泣いていました。「身勝手に買い占めをする人たちが許せない」と怒っている友人。また別の人は「たくさん手に入れたから足りなかったら分けてあげる」と電話してきました。

皆が心のバランスを失って発言している、そんな感じがしました。強いストレスがかかる状況では、思考能力が低下してしまうのです。それほどに精神を揺さぶられる恐るべき事態が進行していたんでしょう。多くの人は自分が受けたショック、ストレスの帳尻を合わせるために、怒りを他者の行動や考えの否定に向けがちでした。これは、私たち人間の精神構造の弱さなのか、強さなのか……。

先の友人のようにあなたを「否定しているわけではない」と、ひと言断わっての発言は、理性のうまい利用の仕方でしょう。おしなべて私たちは、自分の中に湧いてきた怒りや苛立《いらだ》ちなどのマイナス感情をうまく処理できません。相手と自分は違うということを強く感じると、無自覚のストレスが生じ、それを回避するために、やんわりと相手を遠ざける人もいるだろうし、不快感を露《あらわ》にする人もいるだろうし、攻撃的に否定する人もいます。そのような行為の蓄積が信念対立や差別へとつながっていくことを、よくよく知っているのに止められません。

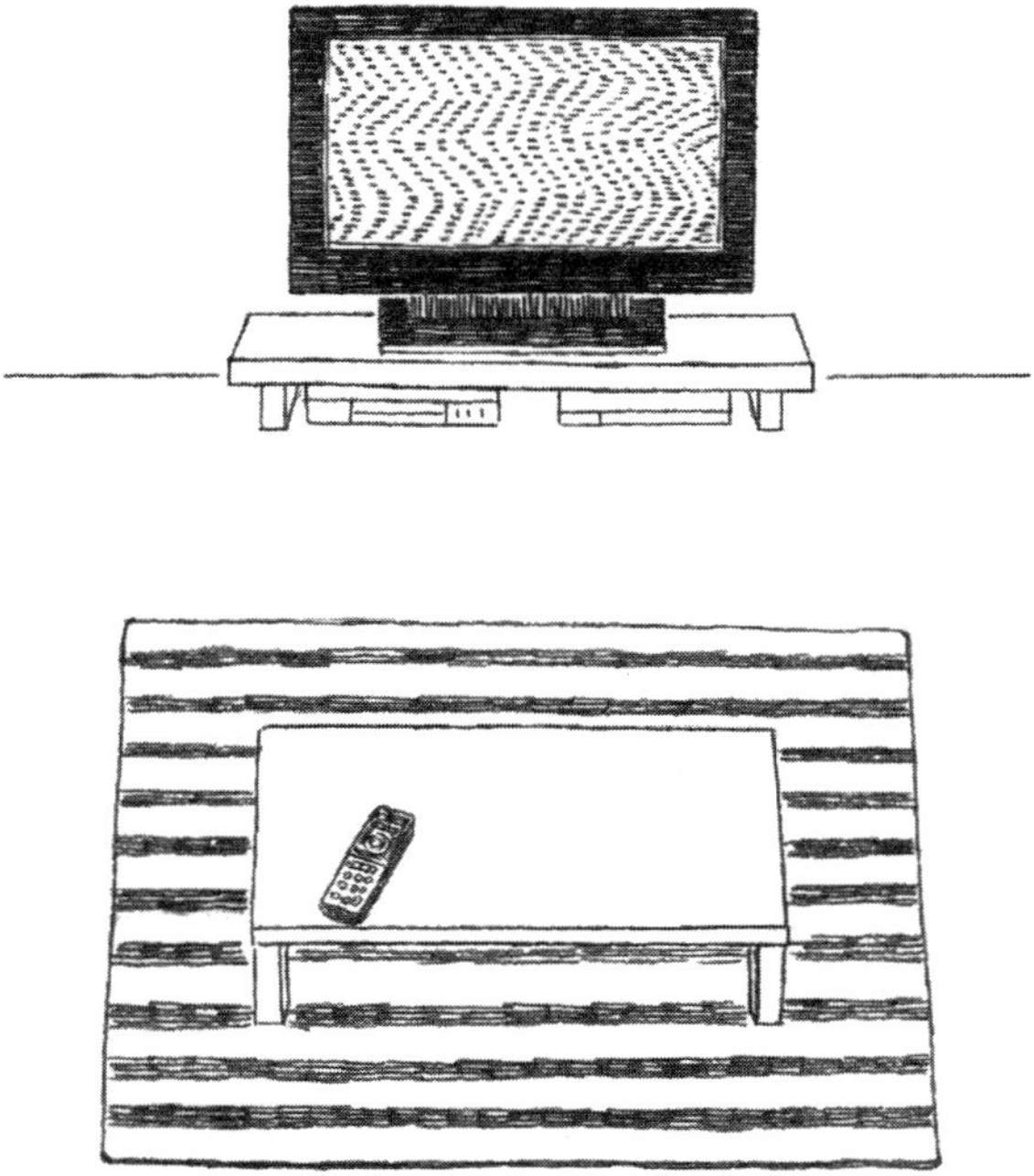

いま、たくさんの人の心のなかで程度は違えど、同じような葛藤が起こっているに違いありません。知らぬ間に、自分にとって都合の悪いことを言う相手は遠ざけて、自分と同じ理屈をこねている人間に親近感をもつのです。自分を安心させてくれる相手に親近感をもつのは当然のこと。精神状態が不安定な時に、違和を感じさせる相手に興味をもつほど心の余裕はありません。原発を不安に思っているときに、やはり原発は必要だろうと言う相手は攻撃したくなります。

無自覚的な人間の小さな行動が、排他性を帯びて、やがて大きな世論を形成していく（のかもしれない）。いったいこれから何が起こるのか。壮大な社会実験のなかに、私も巻き込まれていることを実感する日々でした。

二〇一一年四月十一日、震災から一か月目のこの日に、東京でアノニマス・エイド「東京慰霊祭」というイベントを企画しました。マスメディアの情報の津波にダメージを受けた人たちがいたのです。テレビを観ていたら具合が悪くなってしまった人たち。気力も食欲もなく、地震酔いで足もとがふらふらするという人たちがいました。なにもできない自分に無力感、罪悪感すら感じてしまう人たちがいました。そのようなダメージは被災している人たちの現実、高濃度の放射性物質が含まれる汚水のなかで、装備もなく被ばくしながら復旧作業を続ける人たちから比べたら、それこそ「骨折している人の前で蚊に刺されたことを心配するようなもの」かもしれません。でも……。

「それは、それ」である「これは、これ」である。

「私は、わたし」であり「あなたは、あなた」である。

その上で、友人であり、仲間である。

そのようにして、相手と自分が違うことを認め、自分のなかに起こる理不尽な怒りや差別をコントロールできるようにならないと、私たちはすぐに誰かが唱える正義や、明るい未来や、絶対の安全に、まどわされてしまうのです。同じ意見を発表しあうのでは議論は成り立ちません。意見の違う者同士が話しあうから、誰の意見も「絶対に正しい」ということがないことを理解できます。絶対がないことを確認してやっと、最善に向けての努力を始めるしかないのです。

原発事故のニュースで「今、起こっていること」の現状を認識するのはとても大事です。でも、結局、テレビで原子炉の様子をどれほど詳細に説明されても「わからないことはわからない」のでした。一方通行の情報は、ただメディア側が知らせたいことを垂れ流しているだけなのです。私たちが緊急時にほんとうに必要とするのは、インタラクティブな生の情報ではないでしょうか。なぜなら、人間と人間との間でやりとりされる生の情報は「わからない」ことを超える力があるからです。わかる、わからないではなく、わからないことに耐えるための自我を、双方向の対話は支えてくれるのです。一方的な洗脳ではなく、他者と出会い、ダイレクトに言葉を交わすこと。それしか不安をやわらげ、この状況の建設的な打開方法を模索する術《すべ》はありません。人間と向きあうのはほんとうにしんどいことです。皆、違うことを考えています。でも、だから、多様で新しい意見が生まれるのでしょう。

■コミュニケーションの回路をもつこと

原子の十万分の一の小さな原子核。

その原子核のエネルギーをどのように取り出すかということに、世界中の天才的な科学者たちが熱狂して取り組んだ結果として、原子力はまず原爆として利用され、広島と長崎に住む生活者の頭上に落とされました。

そんな最悪の歴史を生むために原子核を解明しようとしていた科学者はいなかったはずです。もし、レオ・シラードが「研究成果を発表しないようにしよう」と提案したときに皆がそれを受け入れていたら、原爆製造は阻止できたかもしれません。でも、野心から、名誉心から、職務遂行のための義務感から、好奇心から、不安から、それぞれ個々の人間がとった小さな行動が、少しずつ原爆を現実のものとして存在せしめました。

あまりにも小さいものからあまりにも大きい力が生まれる。この宇宙の創造とも関わるエネルギーは、人間を狂わせてしまう魔力があったのでしょうか。物理学者たちはみな原子の力に魅了されてしまうのです。それはたぶん現在でも研究者にとってはそうなのだと思います。そもそも、私たち人間も原子でできているのです。私のなかにも原子核が存在するのです。そんな普遍的なものが世界を破壊してしまうのですから、遠近感が狂って思考も停止するでしょう。

原子のなかの原子核のエネルギーを解放する。このアイデアは地上に現われてしまいました。もはや消すことができません。具現化され、いまも日本中に原子力が存在しています。いえ、お隣の韓国にも、中国にも、ロシアにもたくさんあります。たぶん、当分の間、消えることはありません。

だからこの力が恐ろしいからと言って、封印したり隠ぺいしたりしてはいけないのです。理解し、理性で管理する必要があるものなのです。この問題は感情的になっては向きあえません。原子力は、神が人間を試すための踏み絵のような技術なのです。

福島原発の事故後、日本の世論は確実に「脱原発」に向かっています。

すでに「原発推進」と「脱原発」の対立が起こっています。かつて優勢だった「原発推進」を唱える人たちは、いまや世論に叩《たた》かれるようになりました。「まだ、そんなことを言っているの?」「福島の人たちに顔向けできるのですか?」そういう罵声が飛びます。そして、多勢の側の人たちは「これで危険がわかった」といいます。でも、なにがわかったのでしょうか?

人類史上初めての状況を体験しているのです。なにもわからない状況です。でも「わからない」ことを認めようとしません。答えを得ようとする人たちは「わからない」を封殺します。自分にとって都合のよい答えを支持し、自分の気に入らない答えの人を熟慮なく批判します。「わかっている」人は対話を拒否します。もう「危険はわかっている」から「いまさら聞かなくてもいい」と言い「私をだますために話をしようとする」と疑います。どちらかが「わかっている」と思い込むと対話は成立せず、結果的には批判の応酬となります。そして、いつしか自己正当化のために「原発」を利用するようになります。原発問題のための議論ではなく、自己正当化のための議論になってしまうのです。その構造は原発導入時と同じです。それこそが最も「危険」なのです。

私は先日、原子力に反対する人たちの会合で、小冊子を受け取りました。そこにはこう書かれていました。

「原発は一部の利益を得たい人たちのために推進されてきました」と。

それは一理あるでしょう。でも、それだけではないんです。実際はそんな単純なものではなかった。もっと多くの暗黙の民意の集大成として、原発というものが容認されていたと思います。巧みな情報操作が行われたとしても、それは当時の時代背景によって民意に支持されたのです。民衆の心を摑《つか》んだから情報操作はうまくいったのです。潜在的な欲求を充《み》たされると、人はだまされやすくなります。いま現在、日本人は放射能汚染等の激しいストレスの中で生活しており、思考能力も低下しがちです。つまり、たいへんだまされやすい状況にあります。ここで、民意の潜在的な欲求を満たすような、たくみな情報操作が行われれば、一斉に示された方向に動く可能性だってあるのです。

誰かを悪者にする議論は不毛です。

あらゆる言い分は、その言い分を信じる人たちにとって正しいのです。

だから原爆を落としたアメリカは「戦争を終結させるため、多くのアメリカ人が戦禍によって命を落とすことを防ぐために原爆を使用した」と言います。それは正義のためなのです。「原爆を落とすことによって日本人の死者の数も減らすことができたのだ」と言います。私たちのためでもあったのです。

核に関することはいつも、正義のため、平和のためにという名目で行われてきたことを考えれば、どれほど「正義」や「平和」が相対的で内実のともなわない言葉であるかがわかるでしょう。また、核競争が核による核の抑止という「安全」のために進められてきたことを考えれば「安全」という言葉の危うさも理解できるのではないでしょうか。すべては歴史的事実が教えてくれます。

広島と長崎に原爆が落とされたことは、世界初の被爆国として日本に特別な意味を与えました。原爆の悲惨はまことに言語に絶するものです。でもその事実がやがて政治的に利用されるようになります。被爆国日本として国民に「平和教育」をすすめてきました。そこでは核兵器は絶対に悪でした。

でも、反面、核の平和利用としての原子力はアメリカによって推進されてきました。その矛盾は指摘されることがありませんでした。

被ばくは感情と結びつけられて語られてきました。核の問題としての国家戦略からなるべく遠くに置かれました。怒り、悲しみは「被ばくの悲惨」に向けられました。なぜ原爆が落とされたのか、原爆とはなにか、それは倫理的に正しいことなのか。アメリカ批判に通じる議論はおおむね「社会主義者の言い分」であるかのように錯覚させられてきました。

何度も申しますように、私は国際倫理として「無警告無差別の原爆の使用」はアメリカの誤りであったと考えています。それに対して日本はきっぱりと「戦争時においてすら倫理から逸脱した行為であった」と発言するべきでした。そのような毅然《きぜん》とした態度の表明をするのが被爆国の義務であると思っています。

しかし、政府は国民に対しては「記憶の伝承」や「平和教育」という名の被害者的な教育をすすめてきましたが、国際社会のなかで守るべき倫理についてはっきりと提示してはきませんでした。日本が戦争を放棄し、軍備をもたないことは憲法によって定められています。平和憲法はすばらしい。なのに、核兵器を他国に行使する国に対して「それを使ってはいけない」と、堂々と言えないのはなぜでしょうか。

そういう優柔不断な政府に対して、安保反対や、社会革命というスローガンで対抗したのが六〇年、七〇年安保闘争世代だったと思うのですが、資本主義に対して社会主義という対立の構図をつくったことで、何かが解決するわけではありませんでした。それどころか、問題の核心からどんどん離れてしまったのです。主義として対立することで不毛な足の引っ張り合いになりました。対立によって感情的になった人たちは、核の問題を常に自分たちの都合のいいように利用しようとし、対話を拒否しました。資本主義が社会主義の人たちを弾圧すれば、資本主義に反感をもつ人たちは政府への批判を繰り返し、マスコミを利用して糾弾し、窮地に追い込むことで必死でした。そうやって、同じような議論を延々と繰り返し、原発や、核や、差別の問題も、解決ではなく対立のための手段となり、お互いの発言を監視しあい、うっかり失言したりしたらそれを逆手に取って相手を封じ込めることに躍起になり、大事な問題がどんどん議論の場から遠くなってしまったのです。

歴史を見ればわかりますように、広島への原爆投下という惨事は、人間のもっている小さな我欲や利己心、名誉心、怒り、反発、虚栄心、そのような制御できない雑音のような感情の集大成が生み出したものであります。なんとか、核開発を止めようとした科学者たちが、アメリカを信じてアメリカに託した核技術でしたが、この凄まじいエネルギーの力が、権力と結びついたとたんに、人間はそれを独占しようとする野心を抑えることができなくなったのです。

一人一人の人間がやったことは小さな我欲による日常的な行動でした。それが集積して、核開発競争へつき進んでいく様は、理性を見失った人間の暴走に他なりません。でも、個々の人間は、ごくふつうのあたりまえの、存在です。どちらかと言えば、正義感のある、優秀な人間たちが集まって、熟慮の上で原爆は人間の頭上に正当な理由を与えられて、投下されたのです。

しかしながら、二十世紀になぜ二つの世界大戦が起こり、その過程において個々の人間がそれぞれの立場から何を考え、どう行動してきたか……ということを、考え学ぶ……という授業を日本の歴史教育のなかに見ることはとても稀《まれ》です。ましてや原子力発電の導入時に何が行われたのかということなど、公の場で議論すらされずにきました。つまり、私たちはあまり歴史から学ぼうとしていません。その結果が、この現状なのです。歴史のなかで自らの存在を俯瞰《ふかん》しないので、自分たちが何を望んでいるのかも判然としなくなってしまいました。誰しも、自分の心の闇は見たくないし、裡《うち》なる悪を見ることを嫌います。でも、もう学ばなければ未来はありません。

何度でも言いましょう。原発の問題は、最初にボタンを掛け違えてしまったのです。原子力にはどんなリスクがあるのか、の議論が不十分でした。原発にはリスクのあることを社会的合意の上で導入していたら、危機管理はもっと徹底されたかもしれません。メディアの発する「野獣も飼いならせば家畜」という言葉を、鵜呑みにしてはいけなかったのです。だからと言って、むやみに反対し、反核を叫びアメリカとの関係を悪くしても日本は苦しんだでしょう。戦後、日本はほんとうに難しい原発導入という問題をアメリカから迫られたのです。もし、私が政府側の立場にいたら、拒否できなかったと思います。

国民を洗脳して原爆のイメージを核から払拭することにより、アメリカとの関係を保とうとした日本政府や政治家、経済人は傲慢であります。でも、第五福竜丸の事件を利用して、社会主義へ変革しようと考えた人たちもまた、核を利用したと言えるのではないでしょうか。かつての社会主義国であるソ連も核開発をしていました。核に関していえば資本主義も社会主義も関係なく、身勝手に「核実験」を行ってきたのです。

そう考えれば、事の善悪を論じることがいかにむなしいかおわかりになると思います。はっきりしているのは、対立は対立を生むということです。そして、対立することによって勝ち取ったかに見えるものの多くは不完全だということです。

いま、私たちは岐路にいます。ただ原発を止めればいい、というものではないと思います。

私たちの世代は「科学技術」に倫理を与える義務があります。これからも、科学技術は私たちの子孫、子供たちと共にあるのです。一度発明されてしまったものを、消すことはできません。原子核という極小の世界から巨大なエネルギーを取り出す人間の叡知《えいち》は、物質の限界まで達してしまいました。

ですが、限界とは常に矛盾を孕《はら》んでいます。原子核からエネルギーを取り出すことは原理的に可能ですが、なぜ、原子核のなかの陽子と中性子の数で原子の性質が変わってしまうのか、それはどうしてなのか、そのルールはいったい誰がどのようにして決めたのか？

それはわからないのです。物理学は仕組みを解明しましたが、その仕組みがなぜそうなのか？　ということはわからない。つまりゲームのルールは理解できても、ルールがなぜそう設定されているのかが、わからない。そのルールをどのように誰が考えたのかもわからないのです。

それでも、人間はそれを知りたいと思うでしょう。その知りたい気持ち、飽くなき好奇心は人間を人間たらしめている本性です。ですが、その好奇心、知りたい気持ち、野望、欲望。そのような感情をコントロールできない以上、私たちには「倫理」が必要です。

核に関する倫理を作ることが、人類史上最初に原爆を落とされた日本という国の義務ではないかと思います。戦後の混乱と貧困のなかで、倫理よりも豊かさの追求が優先されたことはいたしかたないかもしれません。アメリカという国との関係を重視するために、アメリカに「核の倫理」を突きつけることができなかったのも理解できます。

でも、すでに、状況は変わりつつあります。

イデオロギーを超えて「核の国際倫理」の構築を目指すべきときではないでしょうか。

その最初の項目に、核をめぐる問題をイデオロギーの対立に利用してはならない、と記したいと私は願っています。いいえ、イデオロギーの対立だけではありません。宗教、民族、思想どのような対立にも利用してはいけない。この問題は、いかに困難があろうとも、冷静に根気強く対話によってのみ、合意を導き出さなければならない。

第2章に登場し、アインシュタインに大統領への手紙を書くことをすすめた科学者、レオ・シラードのことを覚えているでしょうか。核兵器を阻止しようとしたシラードの行動は、皮肉にも核兵器開発の引きがねとなってしまいました。彼がその現実をどのように感じていたかはよくわかりません。でも、どれほど懸命に原爆投下を食い止めようと奔走したかを思うと、深い罪悪感を抱えていたのではないかと推測します。彼は戦後もとてもユニークな反核運動を展開しました。

シラードは「対話なき場に抑止なし」として、核が抑止力として働くためには「対話が必要」という立場をずっと主張します。つまり「核廃絶は不可能」という認識なのです。一度もってしまったものを人間が捨てるはずがない。なぜなら「不安だから」と。

そして人類が核を「抑止力」として有効に使用するための絶対条件として「対話」をあげているのです。もし本気で軍縮をするならば、超大国が受け入れないといけない三原則がある。そうシラードは言いました。

1　両国の兵器はおおむね対等か、均衡にすること。
2　両国は、裏切りに対する「保険」として核兵器を一定の割合で持ち続けること。
3　武装縮小のそれぞれの段階において、両国の軍事設備に関する機密を少なくしていくことに同意すること。

シラードがなぜ「核廃絶は不可能」と思ったのか……。

理由の一つは広島と長崎に原爆が落とされたことに関する、世界の「予想を上回る無関心」が原因だったようです。「あれだけの悲惨を見たのに反省しないのだから、核は捨てないだろう」と思ったのかもしれません。そうです、だって落とされた日本ですら、十年後にはもう原発推進が始まっていたのですから。

彼が戦後すぐにこの意見を表明すると、他の科学者たちから一斉に批判を浴びました。というのは、戦後すぐの時期は多くの科学者たちが「核の完全廃絶」を唱えていたからです。それに対して「抑止力としての核」を肯定したシラードの発言はとても平和的には見えなかったのでしょう。しかし、歴史は結局、シラードの予見した方向へと流れていきました。

シラードは単独で積極的なロビー活動を展開、軍縮のために発言を続けます。時代は冷戦を迎え、ソ連とアメリカは核兵器を実験し続けます。そのような状況下にあって、共産主義者への弾圧が吹き荒れるなかでもシラードは、もし核兵器の使用を回避しようとするのであれば、米ソの対話なくしては無理であるという考えを貫き、ソ連の研究者たちとの交流を続けるのです。そして「彼らを恐ろしい、話の通じない人間であると考えるのはまるで間違っている。それこそが危険だ」と発言します。

また、当時のソ連の首相であるニキータ・フルシチョフにも親書を送り、ソ連とアメリカの科学者が交流する場をつくる、という計画を提案したりしたのです。その努力が実ってか、キューバ危機のあとに米ソの首脳が直接会話するためのホットラインが設置されます。

しかし、こうしたシラードの考え方は、なかなか支持されませんでした。一九六三年になって、国際問題を政府だけにまかせておいてはいけない。幅広い民間からのサポートが必要だと考えたシラードは、草の根の支援者たちを探すために国際コミュニケーションの必要性をアメリカ全土に訴える講演ツアーに乗り出します。病で倒れるまで、対話の場をつくるための活動を続けるのです。

感情をコントロールすることを学び、どのように意見の異なる他者とも話しあいによる解決を放棄せず、貪欲さを捨て、バランス感覚を磨くことで問題を乗り切っていくことが、科学技術を発展させてしまった私たち人類の生きる道なのだと思われます。

「コミュニケーションの回路ができなければ、世界は軍拡の悪循環に陥る」

シラードの言葉です。それは、いまの私たちにも言えることではないでしょうか。

終章　黙示録の解放

アメリカにとってのヒロシマ

原爆の取材を始めた十年ほど前から、私が興味をもっている一人のアメリカ人作家がいます。

ロバート・リフトン。一九二六年、ニューヨーク生まれの精神科医です。リフトンは、終戦後に来日し、広島において被ばくした人たちの心理的な疫学調査を最初に行った人です。『死の内の生命――ヒロシマの生存者』（朝日新聞社）という彼の著書には、原爆を体験した人たちから聞き取り調査をした内容が克明に綴《つづ》られ、同時に原爆という生の極限に至る恐るべき体験が、人間の精神にどのような影響を与えるかを冷静に分析しています。その分析がアメリカ人によるものであり、また非常に科学的であったために、リフトンのレポートは「冷酷すぎる」と評され、発表当時は反感をもつ人も多かったそうです。しかし、その調査報告書は私にとってとても興味深いものでありました。

その後も、リフトンは中国における洗脳の研究をしたり、また、一九九五年に起こったオウム真理教による一連のテロ事件を取材し、それに対する考察を出版したりと、日本人のメンタリティを追い続けている希有《けう》な研究者でした。私は、被ばく者の心の問題に向きあったリフトンの研究は、いつか再評価される時が来るのではないか……と思っていました。

その、ロバート・リフトンによる『アメリカの中のヒロシマ』（岩波書店）という本を私が読んだのは、二〇〇一年のことでした。この年は、ニューヨークのビルに飛行機が突っ込むという、あの歴史的なテロ事件が起こり、世界は東西の対立から南北の対立に移行したと言われていました。アメリカ人はたいへんなショックを受けていました。もちろん、全世界の人が脅威を感じたと思いますが、とりわけアメリカ国民の精神的なダメージは大きかったろうと思います。

その時期に、私は広島に落とされた原爆の取材を続けており『アメリカの中のヒロシマ』という上下巻の本を手にとったのです。この本は原爆投下から五十年を経た年に執筆されたものでした。原爆投下に関わった歴史的人物たちの細かな心理が記されており、アメリカ人にとって「原爆投下」とはどういう出来事だったのかが、描かれておりました。

リフトンは、原子爆弾を日本に対して行使してしまったことが、アメリカ人に、ひいてはアメリカという国家にとってどのような影響を与えたかを深く考察していました。言わば、加害者心理の分析を行っていたのです。私はこの本を読んで、それまでの日本人中心の考えを少し変えました。そして、アメリカが第二次世界大戦後、戦争中毒と呼ばれるほど戦争を繰り返していく、そのきっかけが、広島と長崎への原爆投下なのではないかと思うようになりました。

アメリカ人は原爆の威力を過小予想していたところがありました。ロスアラモスの砂漠で行われたトリニティ実験は、あまりにもうまくいってしまったのです。そして、さらに広島と長崎への原爆投下は文句なく大成功だったのです。黙示録を再現したような破壊力。それゆえに、アメリカは恐ろしくなったのです。自らが手にいれた力が……。

核を最も恐れていたのは、アメリカだったのではないでしょうか。

そして、たぶんアメリカは、核兵器による最大の被害者である日本のことも、とても恐れているのではないか。そう考えるようになったのです。アメリカはなんとしても原爆とアメリカのイメージを切り離したかった。そんなめちゃくちゃなことを考えて、日本に原発を押しつけてきたのです。未来のエネルギーという夢で洗脳しようとしたのです。そして、日本人は洗脳されたのです。もし、日本人がアメリカに対する怒りに目覚めたらどうなるか。加害者なら、当然、そう考えるでしょう。

私はそれまで、常に日本側に立って核の問題を考えてきました。でも、このリフトンの著書を読んでからは、アメリカ側に立っても考えるようになったのです。もし、自分の国が、たとえ敵対国とはいえ、冷静に戦略的手段として、一般人が住んでいる街に無警告で原爆投下したとしたら……。殺虫剤をまいて虫を駆除するように一瞬で二十数万人を抹殺したら。私は私の所属する国家をどう正当化するのだろうか……と。

この正当化のためにはかなり強固な自己洗脳が必要ではないかと思いました。そのために私はたぶん、より強い愛国心をもつでしょう。自分の国を絶対と思い、過剰に愛することが正当化の一歩になるでしょう。そう思えば、アメリカ人の、アメリカに対するあまりに無批判な愛国精神も理解できるような気がしたのです。

たとえどのように自己正当化しても、それを学校の歴史の授業で教えるときに、子どもたちを傷つけない教育方法というのは存在するのでしょうか。もし、自分が親だったら、自分の子どもにこの原爆投下の加害者という歴史的事実をどのように伝えるのでしょうか。たぶん、伝えないような気がしました。知らないほうがいいことがあると、考えるような気がします。

それでも、どうしても伝えなければいけない場合は、正義、正義、正義で固めなければ、とても語れない。一般人民に対する無警告の原爆投下は、私たちが悪かった……などと、おいそれと反省できるような生易しい出来事ではないのですから。

まだ、ソ連とアメリカが対立していた時代、広島を訪れて原爆の被害を知ったアメリカ人の青年が、平和記念資料館のボランティアガイドにこう言ったそうなのです。

「なんてひどいことをしたんだ、ソ連は！」

私はこの話を、最初は冗談だと思いました。事実だそうです。私はあきれ果ててありえないと思いました。でも、よくよく考えてみればこの青年にとっては、自国であるアメリカの原爆投下は、どうやっても受け入れ難いことだったに違いありません。彼は無意識にアメリカが原爆を落としたという事実を否定したんじゃないか。そう思うようになったのです。

リフトンは、ヒロシマとナガサキへの原爆投下を「黙示録的な隠蔽《いんぺい》」と表現しています。すべては隠ぺいであった……と。製造開発から投下、そして、その後の被害の状況に至るまで秘密と隠ぺいがはびこり、それが、アメリカのその後のすべての隠ぺいに影響していった……と。

「マッカーシーズム的な告発はわれわれが広島と長崎で行ったことへの不安から起きた隠蔽であり、われわれやソ連が相手の数十の都市と数千万人の人間を全滅させる準備をしていることへの不安から起きた秘密だった。確かに、ヒロシマとナガサキのいくつかの側面が語られたように、核の危険も語られた。しかし、われわれの黙示録的な隠蔽はこうした問題に関する声を消し、偏向させ、それらを遠い、非現実的な、重要でないものとさえみなすのにあらゆるエネルギーを注いだ。」

「問題に関する声を消し、偏向させ、それらを遠い、非現実的な、重要でないもの」とみなさせる。このやり方は、原子力導入当時に、アメリカが日本に対して行ったのと同じです。

■ナガサキに「原爆ドーム」がないのはなぜか？

二〇〇九年に興味深い本が出版されました。『ナガサキ　消えたもう一つの「原爆ドーム」』（高瀬毅《つよし》著、平凡社）

著者は戦後十三年目に浦上天主堂の廃墟《はいきょ》が取り壊されたいきさつを細かく取材しています。浦上天主堂は長崎の爆心地から五〇〇メートルの場所にあったカトリック教会です。隠れキリシタンの末裔《まつえい》だった信徒の方たちが、この日は聖堂に集まっていましたが全員が即死しました。建物は一部側壁を残すのみで全壊。天使像、マリア像、聖人像なども破壊され瓦礫《がれき》に埋もれました。私はこの天主堂の瓦礫の中から見つかった、頭の部分だけとなったマリア像の姿に衝撃を受けて『被爆のマリア』という小説を執筆したのです。

そして「被爆のマリア」像をこの目で見るために、初めて長崎に訪れました。広島にはかろうじて原爆ドームがありますが、長崎の地には原爆の破壊力を示す象徴的な記憶は、建物としては存在しませんでした。

崩れ落ちた天主堂の残骸《ざんがい》は、何事か人間に訴えてくる厳かさがあったそうです。ですから、もしこの天主堂の残骸が残っていたならば、広島の原爆ドームのような世界遺産になっていたに違いないでしょう。長崎市の「原爆資料保存委員会」は発足当初から天主堂の廃墟を保存したほうがよいと提案していました。

一九五五年、田川務さんという方が長崎市長だった時、アメリカから「セントポール市と長崎市を姉妹都市にしませんか」という申し入れがありました。同年、田川市長宛てにセントポール市から招待状が届き、それを受けて田川市長は渡米します。そして、長いアメリカ視察旅行から帰国した時には、彼は一転して「浦上天主堂を建て直す」という意見に変わっていたのです。同じ時期に浦上天主堂の司教であった山口愛次郎さんも渡米し、アメリカで教会再建の支援金集めを展開します。この二つの流れが同時に起こり、浦上天主堂が取り壊されてしまったことを不自然に感じた著者は「これはアメリカ側の懐柔作戦ではないか」と考えるのです。

浦上天主堂の存在は、原爆の被害をなるべく小さく見せ、隠ぺいしたいアメリカにとってはたいへんに都合が悪かったでしょう。それが「教会」であったことは意味深かったはずです。世界のカトリック教徒に対して未来永劫《えいごう》、原爆の悲惨を訴え続けるような廃墟の教会は取り壊してしまいたいに違いありません。

第3章と第4章でもお話ししましたように、一九五〇年代は米ソ冷戦が激化し、アメリカは世界に対して親米を促すようなさまざまな心理作戦を国策として展開していたのです。心理戦略のための専門機関もありました。アメリカに対して良いイメージを作り、核の平和利用を推進したかったのです。長崎に広島のような原爆の象徴を残すことは、阻止したかったと思います。

■ 五度目の被ばくに学ぶこと

リフトンは「ヒロシマはあらゆる隠蔽の母」と語り、その後のベトナム戦争や、ウォーターゲート事件におけるようなアメリカの「隠蔽のパターン」をつくり出した、と分析します。そして、こうも言います。

「ある意味では、ヒロシマのグロテスクな壊滅やトリニティの力のほとばしりから心の落ち着きを回復できた大統領は一人もいなかった。どの大統領も、心理的、道徳的に、こうした二つの矛盾する感情を支配することができたり、まさにこの焼きつくような矛盾に対する手の込んだ隠蔽――欺瞞《ぎまん》的な覆い隠し――を避けられないでいる。」

歴代のすべてのアメリカ大統領は核に関して自己矛盾に陥っていた……と。その罪を決して認めることはできず、正当化し、なおかつ隠ぺいしつつ、核を開発し続ける。その宿命から避けられない。それは、核廃絶を世界に誓ったオバマ大統領であっても、同じなのかもしれません。そう簡単に、掛け違ったボタンを直すことはできないのです。
そして、リフトンはこう結論するのです。

「われわれは不吉な真実が、ヒロシマに端を発する形で、われわれから隠蔽されていたのを感じとっている。われわれが混乱したままでいるひとつの理由は、われわれ一人一人が部分的には心理的にこの隠蔽を共謀しているからである。」

被爆国である日本もまた、アメリカの隠ぺいのスタイルに従って「原子力」というエネルギーを導入することになりました。ここには、あまりに大きな自己矛盾を孕《はら》んでいます。だから私たちは、ずっと混乱してきたのかもしれません。私たちは潜在的にこの「核」のダブルスタンダード、矛盾を感じ取り、でも、どうにもならない屈折した思いのなかで、苦々しく、苛立《いらだ》ちながら生きてきたのかもしれません。なにかが違うと思いつつ、原子力を受け入れ、そのエネルギーを享受することによって、私たち一人一人が、部分的には心理的にこの隠ぺいに共謀していたとも言えるでしょう。

そして、五度目の被ばくという最悪の転機を迎えたのです。でも、こうは考えられないでしょうか。どのような犠牲を払っても私たちは変わりたかったのだと。あるいはこれほどまでによじれた問題を戻すためには、同じだけのエネルギーが必要だったのだ……と。

被ばくによって亡くなったすべての人たちと、矛盾を抱える生者の思いがあいまって、今、ついに臨界に達したのではないでしょうか。

これから先、もし原発を止めても、廃炉までには長い年月と費用が必要です。さらに放射性廃棄物の管理をし続けるために、原子力という技術を捨てるわけにはいきません。日本が責任をもって核廃棄物を見守り続けるために必要なことは、脱原発後の長く不毛と思える仕事への社会的理解と共感でありましょう。

もし、本当に日本の原子力発電所がすべて止まったら、そのあと原子力業界は、地味で生産性のない管理作業を続けていくことになります。もしその仕事が社会から低く見られて、誰からも顧みられなくなれば、東海村の臨界事故のように、構造的なリスクが生まれます。社会的に批判され続ければその業界に優秀な研究者は残らないでしょう。科学者が去った廃炉作業現場や放射性廃棄物管理現場は世間から忘れ去られ、いつしか人員も減り、効率を優先させるために現場の従事者に負担がかかるようになることは必至です。そのことを学ぶために、私たちはあの、東海村の臨界事故を経験したのかもしれません。

隠ぺいされた仮象の歴史は、生き生きと語り継がれることはありません。だから私たちは過去を「わかった」とせず、理解しつづけるために歴史を勉強しなければならないのです。

原子力の否定だけでは、安全は得られません。原子力はすでに存在するからです。何度も申し上げたように発見された以上は、消すことができません。原子力への理解と、世界に通用する倫理の確立が必要です。

核の問題を、根本から問い直し、よじれた糸をていねいにほどいていく。それが、これからの日本の役割だと思っています。

少なくとも、私はそう考え、この問題と向きあっていくつもりです。

参考文献

舘野淳・野口邦和・青柳長紀『徹底解明 東海村臨界事故』新日本出版社、二〇〇〇年
ピーター・グッドチャイルド著、池澤夏樹訳『ヒロシマを壊滅させた男 オッペンハイマー』白水社、一九八二年
リチャード・ローズ著、神沼二真・渋谷泰一訳『原子爆弾の誕生』〈上・下〉紀伊國屋書店、一九九五年
レオ・シラード著、伏見康治・伏見諭訳『シラードの証言』みすず書房、一九八二年
ロベルト・ユンク著、菊盛英夫訳『千の太陽よりも明るく――原爆を造った科学者たち』平凡社ライブラリー、二〇〇〇年
ルドルフ・タシュナー著、鈴木直訳『数の魔力――数秘術から量子論まで』岩波書店、二〇一〇年
スティーヴン・ウォーカー著、横山啓明訳『カウントダウン ヒロシマ』早川書房、二〇〇五年
飯島宗一、相原秀次編『写真集 原爆をみつめる――1945年 広島・長崎』岩波書店、一九八一年
小室直樹『経済学をめぐる巨匠たち』ダイヤモンド社、二〇〇三年
小室直樹『痛快！ 憲法学』集英社インターナショナル、二〇〇一年

小室直樹『日本人のための経済原論』東洋経済新報社、一九九八年
小室直樹『ロシアの悲劇――資本主義は成立しない』光文社カッパブックス、一九九一年
有馬哲夫『原発・正力・CIA――機密文書で読む昭和裏面史』新潮新書、二〇〇八年
有馬哲夫『日本テレビとCIA――発掘された「正力ファイル」』新潮社、二〇〇六年
R・J・リフトン/G・ミッチェル著、大塚隆訳『アメリカの中のヒロシマ』〈上・下〉岩波書店、一九九五年
R・J・リフトン著、湯浅信之・越智道雄・松田誠思訳『死の内の生命――ヒロシマの生存者』朝日新聞社、一九七一年
高瀬毅『ナガサキ 消えたもう一つの「原爆ドーム」』平凡社、二〇〇九年
三浦俊彦『戦争論理学――あの原爆投下を考える62問』二見書房、二〇〇八年
半藤一利『昭和史 1926-1945』平凡社、二〇〇四年
半藤一利『昭和史〈戦後篇〉1945-1989』平凡社、二〇〇六年
「レオ・シラード インタビュー記事」http://www.inaco.co.jp/isaac/shiryo/reo.htm
ウィキペディア百科事典「レオ・シラード」の項 http://ja.wikipedia.org/wiki/レオ・シラード
中嶋篤之助「シリーズ「広島・長崎被爆の実相」第11回・アインシュタインの手紙」http://www1.odn.ne.jp/hikaku/seminar/jisou/hn-11.htm

chikuma primer shinsho

ちくまプリマー新書165
ヒロシマ、ナガサキ、フクシマ　原子力《げんしりょく》を受《う》け入《い》れた日本《にほん》

二〇一一年九月十日　初版第一刷発行
二〇一二年九月十日　初版第二刷発行

著者　田口ランディ（たぐち・らんでぃ）
装幀　クラフト・エヴィング商會
発行者　熊沢敏之
発行所　株式会社筑摩書房
東京都台東区蔵前二-五-三　〒一一一-八七五五
振替〇〇一六〇-八-四一二三
印刷・製本　株式会社精興社

ISBN978-4-480-68869-9 C0295　Printed in Japan

乱丁・落丁本の場合は、左記宛にご送付下さい。
送料小社負担でお取り替えいたします。
ご注文・お問い合わせも左記へお願いします。
〒三三一-八五〇七　さいたま市北区櫛引町二-六〇四
筑摩書房サービスセンター　電話〇四八-六五一-〇〇五三